消防安全管理实务

张安顺◎编著

人民日报出版社

图书在版编目（CIP）数据

消防安全管理实务 / 张安顺编著. --北京：人民日报出版社，2023.5

ISBN 978-7-5115-8286-7

Ⅰ.①消… Ⅱ.①张… Ⅲ.①消防-安全管理 Ⅳ.①TU998.1

中国国家版本馆 CIP 数据核字（2024）第 095988 号

书　　名：消防安全管理实务
XIAOFANG ANQUAN GUANLI SHIWU
作　　者：张安顺

出 版 人：刘华新
责任编辑：刘天一
封面设计：陈国风

出版发行：人民日报出版社
地　　址：北京金台西路 2 号
邮政编码：100733
发行热线：（010）65369527　65369846　65369509　65369510
邮购热线：（010）65369530　65363527
编辑热线：（010）65363105
网　　址：www.peopledailypress.com
经　　销　新华书店
印　　刷　北京彩虹伟业印刷有限公司

开　　本：170mm×240mm　1/16
字　　数：170 千字
印　　张：11.75
版次印次：2024 年 6 月第 1 版　2024 年 6 月第 1 次印刷

书　　号：ISBN 978-7-5115-8286-7
定　　价：52.80 元

序 Preface

对于企业来说，安全是发展的根基，是效益的保障。做好消防安全管理，才能保障员工的生命和财产安全，实现企业经济可持续发展。企业要搞好消防安全工作，首要任务就是制定完善的消防制度，加强消防安全管理，通过消防培训提升全员的消防意识和火灾防范技能，并发挥全员力量排查火灾隐患，共同保障企业的消防安全。

对于员工个人来说，提高消防意识和能力更为重要。随着技术的发展，企业越来越多地会用到火、电、气、油等，有些特殊企业还涉及易燃易爆、有毒有害危险品，这让消防安全问题无处不在。即使走出单位，在家里、在公共场所、乘坐交通工具时，也随时存在突发的火灾风险。因此，每一名员工都需要牢固树立消防意识并提升自我防护技能，不仅要做到严密防范、居安思危，还要做到面临突发火灾时沉着冷静、科学逃生。

本书结合消防相关案例，详细介绍相关基础知识、安全防范常识和消防安全策略等，旨在让企业员工加强安全意识，提升消防安全技能，达到“人人有心、人人有责、人人防火”的安全管理目标，避免或减少火灾事故的发生，保障企业的安全运营，共同构建和谐平安社会。

目录 Contents

第三章 火灾高危单位，做好特殊防护

第四章 严格管控危险品，构筑生命防火墙

第五章 居安思危，夯实家庭安全堡垒

第一章

提升消防安全意识，做好火灾预防

安全是关系员工身心健康的大事，也是企业发展、社会和谐的基石。不管是在生产中还是生活中，火灾事故的发生往往会给企业和社会带来严重的损失。每个人都应提升消防安全意识，明确自身的责任和义务，通过学习消防安全知识，掌握防火、灭火、逃生技能，最大限度地避免发生火灾或将火灾的损失降到最低。

1. 加强消防意识，防火于未“燃”

每个人的生命只有一次，一旦失去不能再来。生命如此宝贵，我们没有理由不去好好珍惜。因此，我们要提升安全意识，时时刻刻把安全放在第一位，明白任何一次事故都有可能造成严重的后果。

在各种事故中，火灾是威胁公众安全和社会发展的主要灾害之一。俗话说，水火无情。突如其来的一场火灾可以在瞬间吞噬人的生命，同时给社会造成巨大的损失。

某家禽公司曾发生特大火灾事故。事发当天早上6点多，有员工突然发现一个车间的女更衣室附近冒起了烟，同时，主厂房外面的员工也发现厂房的南侧中间区域冒出浓浓的黑烟。火势很快向厂房附属区的北侧蔓延，并从厂房附属区又蔓延到主车间、冷库等区域。当时在车间现场的员工总数将近400人，突发的火情致使当班人员被困在车间里，截至当天下午4点多，共有100多人遇难。

事后经过调查发现，引发火灾的直接原因是该公司厂房女更衣室和相邻的车间配电室上方电器线路出现短路，短路产生的火苗引起周围的可燃物燃烧。

那么，为什么会出现这种情况呢？显然，是消防安全意识淡薄造成的。

首先，在厂房开始建造时，相关人员没有意识到防火的重要性，使用了燃点低、燃烧速度快的保温材料和夹芯板，并且，厂房吊顶的空间设计大部分是连通的，导致火情发生后迅速蔓延。

其次，相关人员在日常管理上没有重视消防安全，例如，没有加强氨气等易燃气体的防护，导致火势加速蔓延；主厂房没有配备消防安全报警装置，导致员工耽误了宝贵的逃生时间；主厂房的逃生通道堆放杂物，而且有部分出口被锁闭，导致厂房内员工无法及时逃离。

最后，厂房的电器、电线未做安全防火处理，易燃物随意堆放，同时，员工平时也缺乏相关的消防安全知识及逃生技能培训，因而，在突发火灾时缺乏自救和逃生能力。

每个环节都缺乏足够的安全防护，最终让众多人丧失了宝贵的生命，企业财产在瞬间化为灰烬。

河北省某市的一家百货大楼曾经发生一起特别重大火灾事故。这场火灾烧死 81 人、烧伤 54 人，烧毁的商品和设施价值达 400 多万元。

这家商场坐南朝北，是一个临街建筑，具有二级耐火等级，主楼的东段南侧是一个 200 多平方米的家具展厅，与主营业厅相互连通，家具展厅的南面是当时正在建设的两层库房。

火灾发生时，该商场的家具营业厅正在进行扩建，而展厅内正常营业。当天，施工人员在家具营业厅顶板上砸开多处孔洞并在现场进行焊接。焊接时产生的火花引燃了一个纸盒，营业人员发现后便及时用水浇灭了。但这次小小的意外并没有引起施工人员对安全的重视，他们继续像之前一样作业。

施工人员没有意识到的是，营业厅中的家具大多都属于易燃品，一旦着火，后果不堪设想。下午 1 点左右，电焊火花落在一张家用海绵垫上，海绵垫遇到火星迅速燃烧，很快又将周边的家具引燃。由于火情突发而且火势蔓延极快，营业员无法

控制，便拨打了报警电话。当消防队赶到现场时，火势已经蔓延到整个商场大楼的1层到3层，现场浓烟滚滚，烈火熊熊，消防队又增派几十辆消防车、100多名消防队员还有100多名解放军战士、50多名矿山救护人员等同时参加灭火和救护。这场大火一直到了下午4点多才被扑灭。

从上述案例中，我们看到引发事故的因素是一个小小的火星，其实更确切地分析，应该是人为疏忽造成的后果。如果当时施工人员有足够的消防安全意识，便不会在没有任何防范措施下作业，更不会在纸盒着火后依旧按原来的方式作业，这场灾难本可以避免。

任何一次意外事故，看似是偶然因素引发的，实则是人的安全意识淡薄引起的。要想预防和遏制火灾的发生，必须先提高人的消防安全意识，牢记任何一次事故都有可能带来极大的伤害，任何情况下都不应将生命安全作为赌注。每个地区、每个单位、每个场所都应遵守消防安全规定，备足消防用具，严格、谨慎地排查火情隐患；每一个人都应加强消防安全知识学习、提升消防安全能力。

凡事预则立，不预则废。只有全民都牢固树立消防安全意识、完善火灾预防工作、提升火灾的应对能力，才能保护好我们的生命和财产，建设好我们美丽幸福的家园。

2. 了解火灾常识，不犯低级错误

除了一些由于自然原因引起的火灾之外，很多火灾的发生都是源自人对火灾缺乏足够的了解和认知，而且，相应的防火意识和能力也比较薄弱。所以，了解火灾常识对于每一个人来说都十分必要。

在某个工地上，工长张某让小宋焊接一个水箱。小宋焊接到一半时，工地其他地方的扶手发生断裂，工长让小宋停下手里的工作先去焊接扶手。然后，工长又安排油漆工孙某在小宋焊接了一半的水箱部位刷油漆。

第二天，小宋上班之后准备继续焊接水箱，结果刚一打着火，水箱上的油漆突然全部燃烧起来，小宋来不及躲闪，瞬间被大火吞噬，烧成重伤。

事后经过调查发现，这起事故是由于工长张某和小宋缺乏火灾常识而造成的。工长张某没有合理安排工序，也没有采取必要的火灾防护措施。而小宋也未经过消防安全知识培训，没有在动火前对作业环境进行严格的消防安全检查，盲目开工，才造成了如此严重的后果。

了解火灾的基本知识，我们才能够做好消防工作。

(1) 火灾的特点

第一，火灾从初起阶段到猛烈燃烧阶段时间非常短暂，往往让人措手不及。

第二，火灾发生后，往往扑救会比较困难，尤其是火灾发生在高层建筑或者结构相对复杂的建筑中。

第三，火灾造成的财产和生命损失是巨大的。物质在燃烧时往往会产生大量的有毒气体，人吸入之后很容易窒息、中毒从而导致死亡。火灾还会迅速烧毁包括建筑物在内的物品，造成大量的人员和财产损失。

(2) 火灾的发展过程

火灾的发展过程分为五个阶段。

①初起阶段：火灾燃烧范围不大，仅限于初始起火点附近，烟和气体的流动速度比较缓慢，辐射热较低，火势向周围发展蔓延比较慢，火势不稳。

②发展阶段：燃烧强度增大、温度升高、气体对流增强、燃烧速度加快、燃烧面积扩大，为控制火势发展和扑灭火灾，需一定灭火力量才能有效扑灭。

③猛烈阶段：燃烧发展达到高潮，燃烧温度最高，辐射热最强，燃烧物质分解出大量的燃烧产物，温度和气体对流达到最高限度。

④衰减阶段：随着可燃物燃烧殆尽或者燃烧氧气不足或者灭火措施的作用，火势开始衰减。

⑤熄灭：当可燃物烧完或者燃烧场地氧气不足或者灭火工作起效，火势最终熄灭。

（3）火源燃烧的三个条件

第一个条件是可燃物。例如，汽油、木材、煤炭、纸张、氢气等，凡是能和氧气或其他氧化剂起化学反应的物质都是可燃物。可燃物按照化学组成可具体分为无机可燃物和有机可燃物两大类；按照物质所处的状态，又可分为可燃固体、可燃气体、可燃液体三大类。

第二个条件是助燃物。凡是可以与可燃物质相结合，从而导致燃烧的物质都叫作助燃物，例如空气中的氧气就属于助燃物。

第三个条件是引火源。凡是能够引起物质燃烧的点燃能源，统称为引火源。例如明火、雷电、电火花、高温等。在一定情况下，各类可燃物燃烧都有自身相对固定的最小点火能量要求，只有达到最小点火能量才能引起燃烧。

在某氮肥厂合成车间里，员工们像往常一样准备进行投料开车。上午8点钟，由于辅锅2号炉膛内可燃气体含量不达标导致辅锅烧嘴熄火。这是车间里经常会出现的问题，操作员宋某并没有在意，因为往常出现这个问题只要将辅锅烧嘴重新点火便可以解决了。辅锅的点火有严格的操作顺序：必须先伸火把，然后再开燃油，这是出于安全考虑，防止辅锅出现爆炸。但是，辅锅的操作员为了图省事经常是先打开燃油，再伸火把，渐渐养成了习惯，之前也一直没出过事故。这次点火，操作员宋某仍然按照原来的习惯操作，但点火的一瞬间发生了辅锅闪爆事故。原因很简单，之前辅锅燃油使用的是柴油，柴油的挥发性较差，所以先打开燃油，然后再伸火把侥幸没出现安全问题。但是，这次辅锅的燃油改为了焦化汽油，焦化汽油极易挥发，且爆炸范围较小，先打开燃油就极易发生闪爆。宋某这一个简单的不当操作，造成了整个辅锅的外墙出现变形，而且整个合成装置被迫停产 7 天，直接经济损失达 8.5 万元。

(4) 燃烧的四种类型

第一种类型是闪燃，可燃性液体所产生的蒸汽与空气相结合，遇到明火后迅速燃烧的现象叫作闪燃。可燃性液体发生闪燃的温度有一个最低值，我们称为闪点，这是用来判断不同可燃性液体具有多高的火灾危险性的，闪点越低，这种可燃性液体越容易着火，相对来说发生火灾的危险性就越大。

第二种类型是着火。可燃烧物质在具有助燃物的条件下，在火源的作用下引发的可持续燃烧的现象，我们称为着火。可燃烧物质持续燃烧的最低温度，我们称为着火点，可燃烧物质的着火点越低，说明它着火的概率越大。

第三种类型是自燃。自燃就是可燃烧物质即使不与明火接触也会燃烧的现象。可燃烧物质可自行燃烧的最低温度，我们称为自燃点。自燃现象可以分为受热自燃和本身自燃。受热自燃就是可燃物在被加热到一定的温度后开始自行燃烧的现象；如果可燃物在没有外来热源的情况下，由于物质本身的分解、化合的化学反应或者辐射、吸附等物理作用，再或者细菌、腐败等生化活动的情况下而产生热量聚积，达到自燃点后自行燃烧，这种现象称为本身自燃。

第四种类型是爆炸。爆炸指物质在瞬间急剧氧化或分解反应产生大量的热和气体，并以巨大压力急剧向四周扩散和冲击而发生巨大响声的

现象。

通过了解燃烧的基本知识我们知道，控制或防止可燃物、助燃物、着火源这三个要素同时存在，可以有效阻止火灾的发生。因此，火灾防护工作可以从消除着火源着手，根据可燃性物质及助燃性物质进行安全、有效的管控，同时对于可能发生自燃的物品进行严格的环境存储，便可降低火灾事故的发生概率。

3. 了解消防安全责任，明确自身义务

《消防法》中有这样的规定，任何单位和个人都有维护消防安全、保护消防设施、预防火灾，报告火警的义务；任何单位和成年人都有参加有组织的灭火工作的义务；任何单位、个人不得损坏、挪用或者擅自拆除、停用消防设施、器材，不得埋压、圈占、遮挡消火栓或者占用防火间距，不得占用、堵塞、封闭疏散通道、安全出口、消防车通道；任何单位和个人都有权对住房和城乡建设主管部门、消防救援机构及其工作人员在执法中的违法行为进行检举、控告。

《消防法》的这些规定，表明消防安全是需要全社会所有人共同承担的责任。

人们在生产、经营和生活中离不开用火用电，如果不遵守消防安全规定和消防安全操作规程，麻痹大意，就有可能引起火灾，给国家财产和公民生命财产造成危害。同时，每个人都有保护消防设施的义务——消防设施指专门用于防火、灭火、火灾报警、疏散逃生等的设施。另外，每个人都有报告火警的义务——发现火灾，及时报告火情，对于减轻火灾危害具有非常重要的作用。

宁波某地区由于夏天高温，天干物燥，市区的一处草丛突然起火。草丛附近一家商店的店主最先发现火情，他迅速拿起店里的灭火器跑到草丛边灭火。路过的几名市民看到后，也迅速赶过来，加入灭火队伍中。在大家的共同努力下，火情迅速被控制，未造成人员伤亡和财产损失。后来在记者的采访中，那位店主说，当时草丛周围有很多电线，如果火势不及时被控制住，一旦蔓延后果不堪设想。

企业作为社会重要的组织结构，需要严格按照国家规定制定详细的消防安全制度。作为企业员工，不仅要严格遵守国家法律法规，还要遵守企业的消防规章制度，积极学习和掌握预防火灾科学知识，主动做好消防安全工作，自愿保护消防设施，不损坏或擅自挪用、拆除、停用消防设施，不埋压、圈占消火栓，不占用防火间距，不堵塞消防通道等，为企业的消防安全工作贡献自己的一份力量。

宋某是某塑料制品厂的一名电焊工。这天，宋某需要用电焊焊接压膜，焊接现场堆满了厂里的废料，还有几个装有丙酮、乙烷等工业原料的铁桶。宋某知道这些铁桶里的化学原料是易燃品，但是嫌麻烦就没有将铁桶移到安全位置便开始焊接作业。

过了一会儿，另一名员工钱某来取原料。钱某让宋某先暂停焊接工作，他需要从铁桶中倒一些丙酮到塑料桶中，宋某停下焊接后便去了厕所。钱某倒丙酮时，不小心洒了一些在地上，但是钱某没当回事，也没有采取任何措施，直接离开了现场。

宋某从厕所回来，没有留意到地上洒的丙酮，继续焊接。突然，电焊溅出的火花将地上的丙酮点燃。宋某见状先是用正在焊接的压膜去压地上的火苗，但火苗仍然不能扑灭。宋某赶紧跑出去告诉工友，大家先后找来3个灭火器，却没有一个人

会使用。这时火势已经越来越大，先是周围的废料被点燃，继而火势又蔓延到屋顶。等消防车赶来时，整个厂区已经被大火吞噬，消防队员经过3个多小时的扑救，才将火势控制住。这场大火，虽然没有造成人员伤亡，但却给厂里造成了巨大的经济损失。

在这个案例中，宋某和钱某都没有明确和履行自己的消防安全职责和义务，导致厂里发生了火灾，造成了严重的财产损失。

企业的任何一名员工，不管身处什么岗位，都要明确自己的消防责任，只有明确责任才能承担责任。企业员工的消防安全职责大致可分为四类，即消防安全负责人职责、消防安全管理人职责、各部门负责人职责以及员工岗位职责。

每一个员工都有义不容辞的消防责任，都应当自动自发地为保障自己、企业和全社会的消防安全出一份力、尽一份责，不仅要严格遵守法律规定，还需要有较多的消防知识和强烈的消防意识，随时随地把“消防”二字记在心头。俗话说，基础不牢，地动山摇。只有着力提高每一个人的消防意识，增强每一个人参与消防工作的积极性和主动性，力求做到人人防火、时时防火、处处防火；不断增强员工自身逃生和应急救援能力，筑牢企业消防工作的基础，把消防工作落到实处，才能真正全面保障企业和全社会每一个人的生命财产安全。

4. 加强消防培训，提高防火意识

提高消防安全意识，首要的途径就是加强企业员工关于消防方面的教育，强化消防相关知识和技能的培训，让每个人都能意识到火灾事故的严重危害，从而自觉从中吸取经验教训，在平时养成时时刻刻重视消防安全、生命安全第一的良好习惯。同时，掌握相应的消防技能和火灾逃生技能，从而保证自己和他人的生命安全。

某天晚上，工人孙某在厂里值夜班，他的主要工作任务就是给火烧罐炉膛内加煤。到了后半夜，孙某像往常一样操作，突然发现罐顶闸门出现一小团明火。由于火苗较小，孙某并没有意识到危险，还盯着火苗看是什么情况。这时，工友陆某正巧路过，见状后告诉孙某这种情况很危险，让孙某马上去找灭火器。孙某这才反应过来，赶紧找来一个灭火器，还对着其他工友大声喊“着火了”。当孙某把灭火器提到罐顶时，却发现自己不会使用灭火器。一位工友听到孙某的呼叫后赶紧跑过来，打开灭火器对着罐顶灭火，但是没有把火完全灭掉。这时一名老工人也跑过来，对他们说，这是电热带起火，必须先关掉电源，否则不仅不能灭火，还会发生其他危险。在老工人的指挥下，大家关掉电源，最终把火扑灭了。这场意外虽然没有造成大的损失，却带给大家一个深刻的教训：没有消防安全知识、不具备消防安全技能，很容易让小意外变成大事故。

当前，员工在消防安全教育方面存在一些不足，很大的责任在于企业经营者。有些企业经营者自身的消防安全意识就比较淡薄，没有认识到消防安全教育的重要性，甚至认为员工的消防安全培训是消防部门的责任，跟自己没有关系；并且还存在侥幸心理，认为火灾不会发生在自己的企业，就算发生了也不会有什么严重的后果，平时只要按照部门的要求，简单配备一些消防工具、应急疏散标志就够了，开展员工消防安全培训既费钱又费力，还不直接产生效益，所以可有可无……企业经营者存在这样的错误观念，很容易导致员工像上述案例中的孙某那样不仅

没有提前做好防火准备，而且在发生意外情况时不知道如何处理，也不知道如何正确使用灭火器，给企业带来很大的火灾隐患。

有些企业虽然进行了员工消防培训，但还是存在两个问题。

一是培训的消防知识落后，不能与时俱进。尤其是一些高新技术企业配备的消防设施比较先进，需要员工用更专业的消防知识去管理、维护和使用，靠简单的或者传统的消防知识难以驾驭。

二是在一些企业中，只进行了消防安全教育，缺乏实际的消防技能训练，导致理论多、实践少，员工在遇到火灾时不知该怎样做，慌乱无措。

某日用品公司发生了一起重大火灾事故，造成19人死亡，3人受伤，经济损失高达2000余万元。事故的原因是公司某员工将加热后的异构烷烃混合物倒入塑料桶，瞬间因静电引发可燃蒸气起火。后通过监控视频看到，起初的火势并不大，而且离这名员工不远的地方就有相关的灭火设备，但由于该员工的灭火常识不足，不会使用灭火器，错过了最佳的灭火时机，导致火势越来越大，最后造成了巨大的损失。

如果上述案例中的企业经常组织员工学习消防知识，并加强消防灭火演练，那么这场火灾事故也许在初期就可以被遏制，不会引发这么严重的后果。

企业应该如何做好全员的消防安全培训呢？可以从下面三点出发。

第一，提高员工认识。“预防为主，教育先行”，将员工消防安全教育作为企业发展的重要任务，定期组织消防安全培训，向员工宣传消防安全的重要性，不断强化员工的消防安全意识。只有企业全员具备了较强的消防意识，每个员工才能自觉、主动地做好火灾预防工作，企业的消防安全才有保障。

第二，做到理论和实践相结合，不仅要让员工有消防安全意识、消防安全知识，还要掌握足够的灭火技能和逃生技能。宣传教育与灭火技能训练要相辅相成。要结合本单位实际，制定灭火疏散预案，定期组织实施灭火预案演练。企业可以定期组织员工到公安消防站，进行报警训练、灭火训练、逃生训练以及救护训练等，在模拟场地身临其境、切身感受，才更容易在实际生活和工作中遇到火灾时用科学、正确的方法来应对。

第三，加强提升企业特殊岗位人员的消防能力。特种岗位或特种行业的操作人员，必须在参加消防部门组织的消防安全培训后才能上岗；把消防保卫人员以及要培养的专业人员选送到消防专业学校进行培训；另外，企业还要重点加强对消防安全负责人的培训，并通过他们来培训第一线的企业员工。

企业只有加强消防安全培训，提升员工消防意识，才能让企业的每个员工意识到自己的安全责任，并为自己、为企业、为社会的消防安全出一份力、尽一份责。

5. 严格排查漏洞，筑牢安全防线

消防安全，重在防范。防范工作，重在细节。众多的火灾事故用血的教训告诉我们，工作中任何一个细节如果被疏忽，就可能酿成大事故。因此，企业要充分调动全员积极性，加强各个岗位、各个环节的火灾隐患排查工作，严格排查漏洞，发现问题及时整改，并落实主体责任。严防死守，把火灾风险降到最低。

刘浩刚参加工作不久，是厂里的一名消防安全员，为人特别热心，工作也特别认真负责，要注意的消防安全问题，

他时时刻刻都牢记在心。他随身携带着一个笔记本，平时有时间就学习有关消防安全的知识，有什么不懂的就向老员工请教。刘浩不仅努力学习安全知识，工作中更是处处留心消防漏洞，坚持“安全第一、预防为主”的工作原则。

厂里的锅炉在每次运行前都需要精心检查。有一次交接班后，接班的工人没有检查锅炉的附属设备安全情况就准备开炉，刘浩当时正在值班，看到这种情况，马上要求工人按照安全生产流程先检查附属设备。工人当时还满不在乎，认为多此一举。在刘浩的执意要求下，才不情愿地做检查。当这名工人检查到化验室水箱时，发现水位已经在警戒线以下了，工人赶紧补足水量，等一系列检查完毕后才启动锅炉运行。锅炉缺水是非常危险的，很容易引起火灾，正是刘浩对安全的重视避免了一起事故的发生。

还有一次，一名工人在值夜班时靠着暖气休息，把一个装着化学品的桶放在身边。恰巧刘浩路过，他赶紧上前提醒这名工人，起初工人还有些不高兴，但当刘浩将后果告知这名工人后，这名工人才意识到自己这样做是多么危险，由衷地感谢刘浩的及时提醒。

企业的消防隐患大多在日常经营的细节之中。企业在排查消防隐患工作时，应以人为本，本着“谁主管、谁负责”的原则，确定各级、各岗位消防安全责任人，并明确其具体的消防安全职责。定期组织全员扎实地开展消防安全自查工作，及时发现并整改企业消防安全工作中存在的问题。

某储备粮管理公司曾发生一起火灾事故，造成 80 个粮囤着火，直接经济损失 307.9 万元。事发当天，工作人员进行粮食攒堆作业。其中两名员工负责操作皮带运输机向储位上方运送玉米，另有几名员工在粮堆上方进行攒堆作业。攒堆作业的员工在上面突然看到储位苫盖玉米堆的苇栅冒出火苗，赶紧呼叫他人施救，同时拨打火警电话。受当日高温、大风恶劣天气影响，火势快速蔓延。没过多久，大火便引燃了其他 79 个粮囤。

经过事故调查发现，此次火灾引发的原因是皮带式输送机在振动状态下电源导线与配电箱箱体孔洞边缘产生摩擦，导致电源导线绝缘皮破损漏电并打火，从而引燃了可燃物。

上述这家储备粮管理公司就是因为火灾隐患排查不力，未及时发现和更换老化的用电线路，也没有发现和解决配电箱穿线孔无防摩擦保护胶套的问题，从而造成了火灾事故。

安全在于细节，细节决定安危。在消防安全管理上，每一件看起来很小的事情，都可能引发事故。因此，企业要注重每一个工作细节，做好火灾隐患排查，才能确保员工生命和企业财产的安全。

6. 做好应急预案，突发火灾不慌

企业做好突发火灾的应急预案是一项十分重要的工作，尤其是对于楼层高、作业人员多的企业，一旦发生火灾，不仅火势蔓延速度快，而且扑救和疏散工作会存在更多的困难。因此，为避免火灾事故突发时造成现场混乱，耽误最佳的灭火时机，保证全员能够及时有序地撤离到安全区域，最大限度地减少火灾事故损失和事故造成的负面影响，企业要贯彻“预防为主、防消结合”的方针，明确各职能部门的消防职责和分工，结合企业实际情况提前制定好火灾应急预案，并定期演练。

某工业区的厂房突然起火，3 辆消防车很快就到达了现场。这时，厂里的员工都在厂门外站着，没有采取任何失火措施。

后来在消防员的奋力扑救下，厂房大火终于被扑灭了，除了原材料被烧毁，所幸没有造成人员伤亡和其他财产损失。

事故过后经过一番调查发现，这家工厂平时既没有组织过消防演练也没有进行过消防知识培训，员工对安全问题缺乏足够重视。这场火灾是员工工作中的违规行为引起的。在火势刚起来的时候，员工由于缺乏消防技能，一时慌了神儿，不知道如何处理，乱作一团，就连报警也是厂区附近过路人员打的电话。突发火情时，老板也没有在现场，等大火被扑灭后才赶来，但现场已经一片狼藉。

通过上述案例我们看出，企业制定火灾应急预案并定期组织消防演练意义重大，不仅可以提升企业员工的消防安全意识，及时发现消防工作中的不足，更重要的是，在火灾突发时，员工可以有序、高效地撤离或参与灭火行动。

企业的火灾应急预案一般包括以下几个方面。

第一，要制定火灾应急的组织架构，具体包括以下四点。

（1）为了统筹指挥，企业需确定一名火灾总指挥，负责火灾突发时的全盘指挥工作，并确定一名副指挥，在总指挥的领导下负责火灾现场具体的灭火和疏散工作。火灾总指挥如果在火灾发生时外出，应由副指挥担任总指挥；如果在节假日期间发生火灾应由相应的值班负责人担任现场指挥。总指挥、副指挥和现场指挥应在接到火警后的第一时间内赶到火灾现场。

（2）组建企业灭火和应急疏散组织机构，可以由灭火行动组、疏散引导组、通信联络组、安全防护救护组组成，具体分工如下。

灭火行动组主要负责本企业的一般初起火灾的灭火工作。

疏散引导组负责企业人员的安全疏散以及财产的安全转移工作。

通信联络组负责通信联络以及现场人员协调工作。

安全防护救护组负责车辆、医疗救护等一切后勤保障工作。

（3）为配合总指挥、副指挥和现场指挥的火灾抢救工作，企业需成立消防突击队，由各部门或车间骨干组成，在总指挥、副指挥和现场指挥的领导下进行灭火和疏散的具体工作或协助消防队参与现场灭火抢救工作。

（4）各部门或车间人员在火灾发生时应服从总指挥、副指挥和现场指挥的调度安排，参与灭火抢救、组织疏散等工作。

第二，要制定火灾初期的应急响应工作流程。

（1）在发现火灾时，员工应立即进行初期火灾的扑救，扑救的过程中就近使用企业的各种灭火器材（如灭火器、消火栓等）。

（2）如果火灾在初期未能得到控制，员工需要立即报警并通知相关消防安全负责人。

（3）当消防安全负责人接到通知后，需要立即通知全厂警戒并迅速调集消防突击队人员携带灭火器材赶到火灾现场参加扑救。同时，要维护火灾现场人员秩序以及安排无关人员的疏散撤离工作。火灾应急总指挥、现场指挥需在接到火灾报告后第一时间内赶赴现场开展指挥扑救工作，并需及时切断相应火灾区域的电源，但要注意保证消防设施的正常运转。

（4）如果火情扩大到非本企业力量所能控制的程度时，员工应立即按响火灾警报按钮，并向公安消防部门报警，报警时需详细报告现场火灾的具体情况，包括企业名称和具体位置、主要燃烧物质、被困人数等情况，并留下详细的联系电话和姓名等信息。为了抓住救灾时机、便于消防队快速到达，负责人需安排人员到路口接消防车。

（5）当火灾警报拉响后各部门负责人需组织本部门人员尽快撤离到安全区域。

第三，要制订火灾的灭火扑救工作方案。

（1）火灾总指挥需根据火灾现场的情况对企业消防突击队进行初步灭火工作分工，在消防队到来之前做好辅助性工作；同时，火灾总指挥应安排专人调查火灾的具体情况、人员受困情况、各消防设备的准备情况、救灾道路的畅通情况等，并与消防队保持联系以便及时汇报现场信息。

（2）等消防队赶到时，应急总指挥、现场总指挥应立即向消防队详细汇报火情具体情况，协助消防队制订灭火和扑救方案。

（3）企业各部门负责人应随时为消防队员提供火灾现场的具体情况，为灭火扑救工作提供有效的建议，并随时听从火灾总指挥的调度安排，积极参与灭火扑救工作以及配合医疗救护人员的急救工作，最大限度减少人员伤亡。

第四，要制定火灾事故后期的处理方案。

（1）当火灾扑灭后，各部门负责人应立即清点本部门人员的伤亡情况、物资的受损情况，做好记录存档汇报上级。

（2）企业人资部应尽快协调各部门做好医疗救护工作，提供医疗经费、安排受伤人员住院、护理以及办理意外伤害保险的理赔工作。

（3）设备维修工作人员需对各部门受损设备、设施尽快安排维修工作，以保证企业尽快恢复正常的生产运营秩序。

（4）以火灾负责人为主，各安全委员会成员联合成立火灾事故调查小组，协助消防部门调查火灾事故发生的原因。

（5）火灾负责人作出事故调查报告，同时总结本次火灾事故教训，对全体员工加强安全事故的教育培训，杜绝类似事故的再次发生。

除了以上的火灾应急预案内容，企业还需要提前准备好以下相关资料，以便相关部门在火灾发生时第一时间可以掌握重要信息。

（1）企业生产安全组织框架图和企业人员的安排编制。

（2）企业基本情况表，包括企业名称、经营范围、详细地址、联系人、法定代表人、车辆等信息。

（3）企业建筑平面设计图，包括各楼层平面图、消防疏散平面图、逃生平面图等。

（4）企业应急救援人员名单及联系方式。

企业按照上述内容，结合自身情况提前做好火灾应急预案，可以在突发火灾事故时做好统一指挥，并及时有效地整合人力、物力、信息等资源，迅速针对火灾实施高效率的控制和扑救，避免火灾现场的慌乱无序，防止贻误最佳灭火时机，最大限度地避免人员伤亡和财产损失。在制订火灾应急预案时，企业还要遵循三个应急处置基本原则。第一，先控制火情再消灭，对于不能立即扑救的火情，要选择先控制火势蔓延，在具备扑灭火灾的条件时再展开全面扑救。第二，把救人放在第一位，财物放在第二位，如果有人受到火势的围困时，应急人员或消防人员抢救工作的首要重点是把受困的人员抢救出来。第三，抢救财物遵循先重点后一般的原则。要全面了解并认真分析火场情况，区别重点与一般财物，对事关全局或生命安全的财物要优先抢救，之后再抢救一般财物。

7. 调查事故原因，追究相关责任

《消防法》第五十一条规定："消防救援机构有权根据需要封闭火灾现场，负责调查火灾原因，统计火灾损失。"单位和相关人员应该建立完善的火灾反馈机制，在火灾发生之后，加强对火灾现场的保护，积极与消防部门相配合，如实提供与火灾有关的信息，找出火灾事故的原因。

调查引起火灾事故的原因是十分重要的环节，具有重大的意义。第一，通过火灾原因调查，查明起火原因，不仅可以找出消防安全工作的

薄弱环节，同时，也可以通过信息的对外传递，让同类行业都能提高对火灾的认知，集中对同类问题进行排除，防止类似事故的发生。第二，通过火灾事故调查，可以对火灾造成的损失进行全方位的评估；另外，借助先进的方式还原火灾现场情况，可为后续的追责提供材料依据。

某肉品加工厂曾经发生一起特别重大火灾事故，造成38人死亡，20人受伤，烧毁建筑五千余平方米，直接财产损失高达九十多万元。

火灾当天，一名当班工人发现工段的照明灯出现闪烁，紧接着整个工段的照明灯全部熄灭了。这名工人当时以为是电闸的原因造成的，随即就跑去检查电闸。他发现电闸完好，转身的时候，突然发现两台封口机上面的抽空管子空隙中蹿出火苗，火星从顶棚往下掉。他赶紧大声对其他工友喊："着火了！着火了！"当他向外跑的时候发现其他工段上方顶棚也开始蹿出火苗。同事报警后，消防队火速赶到现场，组织灭火并抢救人员，经过1个多小时的奋战，大火终于被扑灭了。

这起火灾事故发生后，经过认真调查发现起火的原因是工厂顶棚内的日光灯镇流器发热，先是引燃了聚氨酯保温材料，然后火势越来越大，向周边的建筑材料蔓延。

这起事故反映了企业在消防安全方面存在以下问题。第一，根据《建筑设计防火规范》的相关规定，厂房的耐火等级应该是二级，并且应该选择难燃材料做保温材料。而这家企业在建设厂房时降低了建筑装饰材料的耐火等级。第二，企业为达到其肉品的温度要求，对吊顶喷涂聚氨酯保温材料时没有对日光灯镇流器采取相应的隔热、散热措施，甚至将保温材料包裹在其中。第三，企业封锁了部分消防安全出口。当时，工厂有4个安全出口，但有3个出口被上了锁，致使有些员工因无法打开出口而窒息死亡。第四，企业消防管理不到位，没有严格落实消防安全责任制，同时，也没有对职工进行有效的消防安全培训以及逃生自救培训，导致在发生火灾时，员工缺乏相应的灭火技能及安全逃生技能。

火灾发生后，要及时准确地查明火灾的成因，果断处置。通常情况下，火灾事故的调查有以下步骤。

（1）保护火灾现场，做好火灾记录

要对火灾发生后的防护区域进行及时、精确的定位，并对火灾发生地点进行严密的防护。一旦确定了防护范围，任何人都不能进入防护区，也不能触摸火场物品，对火势和物证要进行有效的保护。火灾调查人员要迅速赶到现场，观察、记录火灾现场的所有情况，包括火灾的位置、物品、气味、颜色、火势变化、风向、温度等因素，以及火灾救援进度，现场人员的特殊行为、可疑行为等。

（2）设立火灾调查机构

对重大、特大、复杂火灾事故，可以成立调查组。火灾调查组由应急管理、公安、火灾发生单位的上级主管部门相关人员、检察院、法院、工会等部门的相关人员组成。调查组组长应为火灾事故调查部门负责人担任，统一指挥，科学合理地开展调查工作。火灾调查部门负责人的职责如下：

①听取目击者和知情人士的证词，了解火灾发生、蔓延的详细过程以及火灾的扑救情况；

②对组员进行分工，明确火灾调查组各成员的职责；

③组织勘查火灾现场，确定勘查程序、勘查范围和勘查重点；

④组织召开火灾事故调查会议，根据调查获得的资料，分析、判断火灾情况，并作出相应的决策；

⑤协调解决在调查期间出现的各种问题，决定需要采取的应急措施；

⑥审核、签发向上级报送请示事项、反映事故调查进展情况等有关

事宜的报告。

（3）进行实地考察和检查

对起火部位明显，原因较清楚、简单的一般火灾，为了能达到快速验证现场情况和提取物证的目的，可简化勘查流程。对于火灾原因较为复杂、破坏力较大的火场，一般需要按环境勘查、初步勘查、细项勘查、专项勘查的程序进行仔细勘验，确保勘查程序符合标准。调查走访应当准确了解火灾发生的具体时间、地点、起火地点、原始状态、火灾后现场；对比分析火灾发生前后的变化、引燃的起因、火势蔓延的过程，并查明火灾性质，确定火灾责任人，获取证人证言，认定具有放火嫌疑的案件应交由公安刑侦部门，消防机构予以配合。

（4）科学评估

对现场发现、收集的各种实物证据，要严格保存，运用科学技术手段进行鉴别、判定，或者通过仿真试验等手段进行鉴别和分析。

（5）综合分析

调查工作基本结束后，由火灾调查负责人组织相关人员，结合现场勘查、调查访问、取证材料、物证鉴定等多种资料，进行全面研究分析，确定火灾原因，认定火灾责任进行处理，并总结经验教训。综合分析是决定案件关键的一步，要认真、合理、有凭有据。

（6）核定损失

根据《火灾统计管理规定》，火灾损失分直接财产损失和间接财产损失，其计算方法按公安部有关规定执行。任何单位和个人应如实上报有关消防统计资料，不得瞒报、虚报和拒报火灾损失。

（7）拟定调查报告

综合分析后，形成一份关于火灾的书面材料或调查报告，送交有关部门，并整理存档。

（8）制作档案

内容应包括：火灾报告表、火灾扑救报告表、火灾现场勘查笔录、火灾调查报告、火灾调查证明材料、技术鉴定书、火灾原因认定书、火灾原因重新认定决定书、火灾事故责任书、火灾事故责任重新认定决定书、火灾现场图、火灾现场照片、火灾扑救总结和火灾处理报告等。

在进行火灾调查时，应重视对现场安全的保护，避免对现场留下的痕迹造成损害，并保证现场的完整和不被破坏。在火灾事故调查中，应与相关部门进行协调与合作，以便作出正确的判断，并为其他有关部门提供可靠的资料。

第二章

健全企业安全管理，消除火灾隐患

安全，是企业长足发展的根基。企业在扩大生产规模，提升生产效率的同时，也应重视安全工作。企业在生产、仓储、运输中往往潜藏着诸多火灾隐患，而火灾很可能会对企业造成重大损失，因此，消防安全管理应是企业安全管理的重点之一。

1. 完善消防管理制度，杜绝意外发生

消防安全管理水平的高低关系到企业能否有效降低火灾事故的发生概率。火灾事故不是小事，不仅关系到企业上上下下员工的生命安全，也关系到企业的财产安全，对于每个企业来说，重视消防安全管理，提升火灾预防水平，消除火灾事故隐患是管理的重中之重。

根据国家的相关法律规定，同时为了提升企业消防安全管理水平，避免企业人员伤亡和财产损失，企业需制定全面完整的消防管理制度，这些制度是企业科学地使用人、财、物等各项资源，对消防工作进行计划、组织、指挥、协调、控制等一系列活动的重要依据。

通常来讲，企业单位建立消防安全管理制度除了要明确各级别负责人以及相关职责，内容还需涵盖：生产车间防火规定、仓库防火规定、危险品防火规定、食堂防火规定、宿舍防火规定、吸烟防火规定等，以及春、夏、秋、冬四个季节的防护方法。这些制度原则上越详细、越明确越好，并且需要根据企业的发展以及消防管理水平的提升不断加以完善。以下是某企业制定的企业消防安全管理制度。

××企业消防安全管理制度

（1）企业对用火的要求。

①电焊的操作者应该有正规的电焊操作证书，并且在每次进行电焊操作之前必须向有关部门报备，经过相关部门批准后方可进行操作。操作者在进行电焊作业之前首先要对作业环境以及使用设备进行认真检查，禁止使用有线路缺陷或保险装置失灵的焊机。气焊的操作者要有气

焊操作证书，作业前须向有关部门报备，经过批准后方可进行操作。在现场作业时，气焊所使用的氧气瓶、乙炔瓶及焊枪应保持一定安全距离，并呈三角形分开；禁止将乙炔瓶放倒使用。

②企业在使用类似电炉、烘炉、喷灯等设施时需要预先通过消防相关部门的批准，办理用火证后方可按照用火证的要求规范使用。

③企业在安装供暖设施时必须经过消防部门检查后方可进行安装，并且在安装之后、使用之前，需要通过消防部门再次检查，合格后方可使用。

④企业安装开水器时必须经过相关部门检查、批准之后方可安装使用；日常使用时，开水器附近禁止堆放易燃易爆物品。

（2）企业宿舍防火制度。

①企业员工宿舍需要使用电暖设备时，必须经过相关部门批准、报备之后方可使用。

②禁止在宿舍做饭或者出现其他明火。

③禁止私自在宿舍拉接电线。

④禁止在宿舍吸烟。

⑤严禁在宿舍内存放易燃易爆物品。

⑥宿舍区配备的灭火器材和应急消防设施，严禁私自挪用。

（3）企业仓库防火制度。

①对仓库的物品和物资要定期开展消防安全检查，及时消除火灾隐患。

②仓库区域要在显著位置设置防火标识、防火责任人信息等。

③仓库内存放的易燃易爆、有毒有害物品必须严格按照相关规定保管，由专人负责，并且分类存放。

④仓库内要配备足够数量的灭火器及其他灭火器材，并且要定期检查、维修、更换，保证其使用性能完好。

⑤仓库保管员对防火工作负直接责任，须严格按照消防安全的相关规定管理仓库。每天下班前，要对仓库进行严格检查，断电、锁门后方

可离开。

（4）食堂防火制度。

①食堂的装修、隔断、设施应选择耐火材料。

②炉灶和液化石油气罐要保持一定距离，火种设备要有专人负责；炉灶旁严禁放置易燃易爆物品。

③食堂的电气设备应做防湿防潮处理，保持良好的绝缘性；要设立专用电箱，电源开关应设置在安全的位置。

④如果发现液化气泄漏，应立刻停止使用，将炉灶火源及气瓶阀门关闭，打开窗户通风，并立刻向部门领导及有关部门报告情况。

⑤食堂负责人应在下班前仔细做安全检查，熄火、关电后方可下班。

⑥食堂内消防设备要定期检查、维护和更新。

（5）吸烟管理规定。

①禁止在施工现场以及未交工的建筑物内吸烟。

②禁止在厂内的易燃易爆物品区域、库房区域、车间内吸烟。

③吸烟者必须到厂内指定的吸烟室吸烟，并在确定烟蒂熄灭后方可离开。

（6）冬季防火规定。

①施工过程中使用的易燃材料要有专人保管，不准积压堆放，易燃材料周边环境要保持安全、清洁，符合防火要求。

②在施工区域内不准使用炉火、钨灯、电炉等设施。

③因施工需要用火，应先制订消防方案，并提前向相关部门申请，经审批后方可使用。

④施工区域内的各种取暖设施周边严禁存放易燃易爆物品。

……

企业制定了完整的消防安全制度，还要把重点工作放在日常的监督和执行上，只有执行有力、执行到位，消防安全制度才能发挥出真正的作用。为了增强执行效果，企业还可以在制度的基础上制定一些奖惩措施，例如：对国家的消防法规不及时传达、违反企业消防安全管理制度的部门给予限期整改，如果在期限内没有整改到位，给予部门负责人或者相关责任人相关处罚；对违反企业用火、动火制度的员工应根据规定加以处罚；因违反操作规定造成火灾的，应根据火灾造成的损失对直接责任人及其领导作出处罚；等等。除了处罚，对日常为企业消防安全管理献计献策或及时发现、报告火灾隐患的员工，可给予一定的奖励；对在突发事故中有突出表现的员工可给予特殊奖励。

惩罚和奖励并不是企业消防管理的目的，而是为了让员工深刻意识到消防安全的重要性，以便在日常工作中能够严格遵守和执行企业制定的各项消防安全制度。同时，任何制度都不是绝对完善的，需要通过企业全员的共同努力，发挥集体智慧，在实际工作中发现各种细节上的火灾隐患，及时消除，不断完善制度，持续、有效地提升企业消防安全管理水平，将火灾事故发生的概率降到最低。

2. 完善消防管理的组织职能及架构

企业需要成立单独的消防管理组织机构，负责本单位消防的组织工作。企业现有的员工承担这个组织的各项职责。建立消防安全管理组织对于企业来说具有十分重要的意义。首先是为企业构建高效的消防安全网络，把企业中各个部门、各个岗位的员工组织起来，共同完成消防安全目标。另外，企业成立消防安全管理组织也是为了更好地贯彻“预防为主、防消结合”的方针，更好地推行企业的消防管理制度，落实好自我管理、自我检查、自我整顿的消防管理机制，做好企业火灾预防的工作，降低发生火灾事故的概率。

国内某钢铁生产工厂有近万名员工，该厂不仅制定了完善的消防安全管理制度，还制定了完整的企业消防管理组织架构，将具体责任落实到每一名员工的头上。除此之外，该厂还成立了专门的消防队，负责消防安全的监督和管理工作。

有一年，该厂要进行大改造，由于重油不足，将加热炉的原料由重油改为原油；同时，经过技术调研，决定将30千瓦普通油泵改为75千瓦深井泵，这样就可以节约油罐列车的卸车时间。

这是一项比较大的改造工程，该厂有1600吨的地下油池，为了确保改造工作的顺利进行，避免出现火灾事故，该厂的消防队多次到现场实地勘察，研究每一个安全细节，并提出了十分必要的安全意见，例如：将现场的灯泡换成防爆灯；提前取油样进行安全检验；将地下油池上面的电器设备挪走，以防发生漏电……在该厂消防队的指导和全员的配合下，企业安全、顺利地完成了改造工程。

企业设立消防安全管理组织，需要严格以消防安全目标为导向。第一，制定总体组织架构，这个组织架构要符合企业的实际运营情况和消防安全需求，同时要注意的是，组织架构要具有一定的弹性，能适应各个方面的变化；第二，在总体组织架构设立完成之后，应从上到下划分安全责任人，并制定各级安全责任人的具体职责。

消防管理组织的架构及主要职责可参考如下。

（1）消防安全负责人主要职责

①掌握企业消防安全情况，遵守相关法律法规及消防技术标准。

②将消防安全与企业实际情况结合，制订并实施年度消防工作计划，批准实施企业内部的消防管理制度。

③每个月组织召开消防工作例会，整改火灾隐患，解决购置、维修消防设备等消防经费问题。

④建立企业义务消防队，并组织消防演练。

⑤每半年组织部门负责人进行一次防火安全检查。

⑥审批部门及员工的消防安全奖惩措施。

⑦根据消防安全需求，决定企业停产、停工事项。

⑧接受并配合公安机构针对消防问题的检查，并完成相关消防任务。

（2）消防安全管理人主要职责

①负责企业日常的各项消防安全管理工作。

②组织制定企业消防安全管理制度和操作规程。

③检查、督促企业各部门、各岗位员工的消防安全责任落实情况。

④组织企业各部门负责人开展并实施防火检查，及时掌握企业的消防状况，并做好火灾隐患的整改工作。

⑤对企业的消防设施及消防标志进行维护及保养，确保企业各类建筑的疏散通道和出口畅通。

⑥在企业中组织并开展员工消防知识培训，提升全员的消防安全技能。

⑦配合公安消防机构的相关工作，做好消防文件的上传与下达。

⑧参加企业每个月的消防工作例会，并在会上汇报企业的消防工作情况。

（3）各部门消防负责人主要职责

①带头并督促本部门员工遵守相关的消防安全法律法规，学习消防安全知识、培养消防安全技能。

②对企业消防安全负责人负责，定期参加企业的消防工作例会，提出可行性建议，并在会后执行会议决定。

③负责监督和落实与本部门有关的消防安全工作。

④负责落实本部门员工的消防安全自查工作。

⑤在突发火灾或意外情况时，按照企业消防预案的规定履行相关职责。

（4）工段或班组消防责任人的主要职责

①贯彻执行安全防火责任制，落实车间各项防火措施，让每个员工都明确各自的防火责任。

②开好班前会，消除员工不良的心理状态，提高员工防火警惕性，做好作业火险分析、预测和预防、控制措施。

③认真进行作业前、作业中和作业后的安全检查及作业场所的清理整顿，督促作业人员严格遵守防火安全管理制度和安全操作章程，纠正和制止作业人员的不安全行为。

④组织开展安全教育活动，重点抓新员工、复工和调岗员工的安全教育，让每个员工明确知道消防安全应知应会的内容；坚持巡检制度，并将检查结果记入安全检查记录中。

⑤加强对危险作业的管理，及时发现和消除安全隐患。

⑥定期总结本组的安全情况，做到有表扬、有批评，采纳合理意见，完善消防安全制度，提高班组的消防安全素质。

（5）员工主要消防职责

①学习并严格遵守消防相关的法律法规、企业消防安全制度。

②懂得火灾的危害性，火灾的防范措施、扑救方法；会正确报警，会使用灭火器，会逃生自救。

③有检查火灾隐患的能力，有组织扑救初期火灾的能力，有组织人员疏散逃生的能力，有消防宣传和培训的能力。

④熟悉企业各项消防设备的摆放位置、会使用消防设备，熟悉企业的安全逃生路线。

⑤在上岗前和下班前按照岗位消防程序做好安全防火检查。

⑥严禁将货物或其他物品堆放在消防工具周围和疏散通道上。

⑦积极参加企业组织的各项消防安全教育培训。

3. 小心易燃物料，安全稳妥存放

很多企业在生产或运输过程中，或多或少会涉及一些易燃物料，这些物料有的是气体，有的是液体或固体，如酒精、汽油、乙炔、液化石油气等。这些易燃物料满足了企业日常生产或运营的需求，但同时也带来了很大的消防安全隐患。企业不仅在使用这些易燃物料的过程中要严格执行安全操作流程，在日常存储时也要加强管理，严加防范，最大限度地避免发生火灾或爆炸事故。

某造纸厂以芦苇和麦秸为纸张生产原料，平时，该厂将这些原料成梯形摆放，总储量高达四万余吨，属于严重超储。而且，该厂对这些原料没有制定严格的存放管理制度，消防部门曾先后多次到现场检查，并下发了整改意见和通知书，但厂领导总是敷衍了事，没有做任何消防安全改进。某天，厂车队正在厂里卸原料，芦苇被风吹得四处扬散，有些被吹到一辆车底下的传动轴上。当时，这辆车的司机并没有留意。当他卸完货，把车打着火后，由于机器摩擦生热引燃了车下的芦苇，火苗蔓延到油箱附近，突然引爆了该车的油箱。油箱爆炸后，又引燃了附近更多的芦苇堆。消防队赶到后，经过日夜奋战才最终将大火扑灭。

这次火灾给该厂造成了巨大的损失，烧毁芦苇和麦秸超过两万吨，烧毁汽车一辆，还烧毁了卷扬机等设备，直接经济损失近千万元。

从上述案例中，我们可以看出易燃物料的安全存放至关重要，否则一个看似很简单或者不起眼的小事就可能造成严重后果。

不同物料的火灾危险性是不一样的，通常要考虑多个相关因素。

第一，要考虑物料本身的易燃性和氧化性。物料本身的可燃性和氧化性是确定其火灾危险性的基础，物料越容易燃烧或氧化性越强，其发生火灾的危险性就越大。例如：汽油与柴油相比，汽油的火灾危险性要更大一些，因为汽油比柴油更易燃；同理，硝酸钾比硝酸的氧化性强，发生火灾的危险性更大。通常来说，物料的状态不同，其危险性也有差异。从状态来说，气体物料比固体物料的危险性更大。

第二，有些物料除了具有易燃性和氧化性之外，还有一定的放射性和毒害性，其火灾的危险性和危害性要更大。

第三，物料储备时的条件也是衡量火灾危险性的一个重要因素。同一种易燃物体，在不同状态、温度、浓度等条件下，其火灾危险性也是不同的。例如，氧气存放在高压气瓶内和存放在胶皮囊中的危险性是不一样的。

一般来说，对于危险性较高的易燃物料要单独存放，并采取相应的防护措施，以降低它的火灾危险性。同时，还要专人进行保管，按时查验产品的名称、数量、质量等，遇到产品包装或者质量出现问题等情况，要及时处理或上报。另外，易燃物料的日常管理要严格遵守消防安全管理规范。制定消防安全管理规范可参考以下内容。

（1）危险品库房、实验室等区域，非工作人员未经批准严禁入内。

（2）危险品库房需在显著的位置设置相关的安全标志。

（3）有易燃易爆粉尘和易燃气体的场所要使用防爆灯具；安全防护装置、照明信号、检测仪表、警戒标记、报警装置等设备要定期检查，不得随意拆除和非法占用。

（4）易燃、易爆、化学危险品库房周围严禁吸烟以及明火作业。

（5）危险品库房内物品存放应保持一定的间隔距离。

（6）忌水、忌沫、忌晒的化学危险品，不准在高温或露天位置存放。存放的容器及包装要确保密闭、完整无损。

（7）用玻璃容器盛装的化学危险品，在搬运前必须放入木箱，在搬运的过程中，严防倾斜、振动、摩擦，更不要撞击、重压。

（8）燃煤、草垛、锯末的材料堆垛之间应有3米宽的消防通道，并保持良好的通风，留意温湿度的变化。

（9）危险品等库房要定期和不定期进行安全检查，发现安全遗漏环节或危险情况要及时上报。

对于危险品存放的仓库，除了日常严格管理之外，在仓库的结构和环境设计上也要充分考虑安全问题，例如仓库的位置应远离生活区，并且附近要有充足的水源，水源最好是在仓库下风位置，以便于发生火灾时能及时取水；仓库的周边尽量设置宽度不小于6米的消防通道，通道上严禁设置障碍物；有明火作业的生产区或生活区距离仓库最好保持30米以上。

4. 警惕机械火星，谨防引发燃烧

工业车辆、风扇、电机、起重机、电梯这类设备在正常工作或故障状态下不可避免地会出现机械摩擦或撞击，产生具有足够能量的机械火星，例如铁质导管或铁桶发生爆裂时会产生火星，比较坚硬的物体混入研磨机或者粉碎机时也会产生火星，等等。这些火星大多都产生于细微之处，看似很平常，但如果这些火星碰到易燃易爆物品就很容易发生火灾或爆炸。

某家塑料加工企业曾因为粉碎机产生火花导致一场严重的

火灾事故。事故发生当天天气有些干燥，生产车间里粉碎机正常工作，粉碎原料的过程中时而产生一些火花，这种现象经常出现，大家也都没有特别在意。中午下班前，一名工人恰好路过，发现粉碎机附近的塑料颗粒起火了，赶紧喊工友来灭火，几个人匆忙从附近找来几个灭火器灭火。但是塑料颗粒的着火速度很快，火势发展迅猛，几个灭火器根本就控制不了火势蔓延。工人们赶紧报警，等到消防队赶来时，整个生产车间都笼罩在浓浓的烟雾里，车间一整面墙也被烧毁了。消防队将火扑灭时，生产车间有二百多平方米被烧塌。

机械火星如果不被留意，一旦发生火灾事故，会造成非常严重的后果。所以，我们应该重视机械火星的危害，加强安全意识，并预先采取有效的防范措施，避免火星导致火灾事故。

一方面，我们要清理、整顿机械作业环境，容易产生火星的机械周围不要有可燃物。例如，车间内不要存放汽油，机油和煤油的存储量也只存放一天的用量，并且要保存在铁桶内，密封好。如果存储量较大，可设立专用的储油间，储油间不要存放其他物品，并保持良好通风，把储物间的电气控制开关设置在外面。车间内擦洗过机器的油抹布应集中放到有盖的金属箱内，每天定时处理；残余油料也应统一处理，不要随意倒入地沟内。如果车间有机器产生火星，应在作业前先检查环境，清除周边可燃物，并用耐火材料遮挡附近机床。要定期检查机械运转状况，不可带病作业。

另一方面，可积极地通过技术方式避免机械产生火花。可参考如下措施。

摩擦离合器以及摩擦制动器，可以使用油浸保护技术，在使用时，应对润滑油液位以及油表面温度采取监控措施。

机械离合器可采用设置隔爆外壳的方法，保证由摩擦或撞击形成的火花不会迸溅出来。并且设置隔爆外壳这种保护方法比较通用，不限于电气设备，也可以用于非电气设备。

液压和机械离合器，在正常运行的情况下，其表面温度应在设备温度组别规定的范围内。

现行的防爆起重机的行业标准规定，要使用封闭式自润滑结构的减速器。

可能发生碰撞、摩擦的旋转部件或其他部件，特别是轻合金制成的部件，应尽量避免产生火花。

摩擦制动器中的摩擦部件可选用合适的材料，或者配置有效的可监测温度的系统，避免机械火花引燃混合物。

粉碎易燃物料的设备可安装磁铁分离器，以便吸除混杂在物料中的铁类物质。

研磨或粉碎易起火、易分解、易爆炸等物质时，可灌充惰性气体保护。

除了由于机械、电气设备产生的火星等危险点燃源，由非设备产生的火星也同样不可忽视。例如日常生产中常用的扳手、锤子等工具，在撞击时会产生火星；搬运装有易燃易爆危险品的金属容器时，滚动、拖拽会产生火星；进入易燃易爆物品的区域时，穿戴金属等物品，也可能因碰撞产生火星。

一个小火星可以引出一个小火苗，一个小火苗可能导致一场大火灾。在生产作业中，火灾大多是由我们日常不注意、漠视的细节引发的。只有秉持严谨的安全理念，从细节出发，最大范围地控制或减少风险，才能确保安全。

5. 做好静电防护，避免引发火情

生产过程中物料泄漏、摩擦、搅拌、流动或者物料在运输途中，都有可能产生静电，有时其电压可达上万伏，如果某些爆炸条件具备的场所产生静电，可引燃可燃粉尘、可燃气体、可燃液体或其他易燃易爆物质，造成爆炸或者火灾事故。除此之外，工作人员在作业时也有可能产生人体静电，这些静电同样会埋下火灾隐患。因此，我们应了解工业静电的产生原理，分析其火灾危害特点，这对火灾的预防工作有着十分重要的意义。

某日，一家日用品工厂的生产厂房突发大火，造成一千多平方米的厂房整体烧毁，10人死亡，直接经济损失高达两千多万元。

后经过调查发现，这场火灾事故的发生源自静电。该厂的一名员工在厂房侧面一楼的灌装车间用电磁炉加热香水原料异构烷烃混合物后，将该混合物倒入塑料桶时产生了静电，静电引燃了塑料桶，随后又引燃了周围的可燃物。这名员工在火势初起时没有找到灭火器，便用身边的纸板扑火，但是并没有成功。大火引燃周边可燃物后，迅速蔓延，很快整个厂房在熊熊大火中被烧毁。

静电在一定的条件下会引起爆炸和火灾。

第一，要具备产生静电电荷的条件；

第二，要有产生火花放电的电压；

第三，要有能引起火花放电的合适间隙；

第四，周边环境有爆炸性混合物；

第五，放电火花的能量足够。

上述五个条件都具备，静电才会引发爆炸和火灾，消除任何一个条件都可以避免发生事故。在现实的生产环境中，要预防静电导致火灾，必须从静电的“产生”和“积累”两方面入手。

（1）对静电的发生进行控制

①管路和设备应选用具有良好抗静电特性的材质和工艺，并定期进行保养，使其表面保持光滑、清洁。

②根据静电起电序列选择合适的材料，以消除或减少静电。

③对物料的流速进行控制。防止液体从层流转变成湍流，从而防止静电产生。

④对过滤器进行改良。过滤器是一个较大的静电源，要不断改进，以避免静电产生。

⑤对于输送易燃易爆物品的设备，应尽可能采用直联轴传动，尽可能减少皮带传输和异质齿轮传输。为防止皮带在传送过程中摩擦产生静电，应选用防静电皮带。

（2）加速静电的消散

①采用抗静电剂。由于抗静电剂的导电性和吸湿性都比较好，所以在高绝缘材料中加入少量抗静电剂可以提高其导电性、加速静电泄漏、减少静电危害。

抗静电剂有多种类型，包括氯化钾、硝酸钾等无机盐；表面活性剂，例如：脂肪族硫酸盐、季铵盐、聚乙二醇等；卤代亚铜、银、铝等有机半导体；高分子聚合物等。

②可靠接地和跨接。正确的接地方式可以有效地消除静电荷，避免聚集。对于可能产生静电的设施或部件，如管道、容器、油罐、阀门、漏斗等，应使用金属或其他导电性良好的材料，并且要有良好的接地。要注意的是，如果现场有液体排放蒸气或其他气体，接地装置要和蒸气

或其他气体排放点保持一定的间隔距离。

③提高室内的湿度。在静电危害区域，使用喷雾及调湿装置，提高环境的相对湿度，在相对湿度70%以上的环境中，不易累积静电荷。

④使用静电消除器。静电消除器是一种产生电子或离子的设备，通过电子或离子中和物体产生的静电，以消除静电的危害。静电消除器的特点是对产品质量没有影响，使用起来比较方便。主要用于石油、化工、橡胶等行业；高电压静电消除器，适用于橡胶、塑料等行业；高压离子流静电消除器，适用于有火灾、爆炸等危险的场所。选用的静电消除器，要视生产工艺、场地环境等因素而定。使用时应做好消除器的维修和保养工作，使其能保持正常使用，不得以作业不便为由擅自拆卸或移动其位置。

⑤电机驱动装置不要使用容易产生静电的平带，而要使用三角带，这样可以减少静电的产生，如果是用轴驱动，则可以防止静电产生。

⑥制定材料的静置时间。材料在油罐收油、槽车装卸、物料输送等过程中，常会产生静电，因此要留出一定的静置时间，以保证所携带的静电能够得到充分的释放。

⑦安装缓冲装置。它能减慢带电流体的流动速度，充分释放带电流体中的静电电荷。

⑧定期清理积尘，加强通风，降低易燃气体、可燃气体、粉尘在空气中的浓度。

⑨设置防雷电设备。放置避雷针、避雷带、避雷网等避雷设备是预防雷电火灾的重要措施。

某精细化工厂是集研发、生产、销售于一体的医药化工企业。这家企业为了开发新产品，特意从沿海地区采购了一套新的工艺技术设备。然而，厂里的技术员对新产品的原材料性能了解得不是十分透彻，没有意识到材料的危险性。在这种情况下，他们摸索着进行压滤实验。没想到设备在压滤时突然产生了静电，因为没有做相应的静电防护，霎时间材料分解爆炸。

这场爆炸导致5人死亡，1人受伤。

在容易产生静电的场所，不要将易燃、易爆的物品带入，同样，在易燃、易爆的场所也要严格地防止产生静电，比如将地面环境做成导静电地面；入口处可以增设释放静电的接地拉手，每个人在进入前都可以通过触摸的方式消除静电；工作人员必须穿防护服，不允许穿容易产生静电的服装、鞋靴，也不允许携带私人物品进入；作业时，佩戴不宜产生静电的手套；等等。只有对静电的防范工作做到位，才能最大限度地避免静电带来的事故危害。

6. 重视热能积聚，当心高温着火

在工业生产过程中，由于太阳光照射、摩擦以及化学反应生热的情况比较多。这些热量在易燃易爆物品中聚集，当达到物品燃点之后，很容易发生火灾。所以，要对热能积聚有充分的认知，提高这方面的安全意识，加强防护措施，避免产生热量并及时疏导热量，从而消除火灾隐患。

某企业专门生产床垫配套用的海绵。该企业总占地面积五千多平方米，由生产车间、办公楼、成品仓库组成。海绵是一种易燃物料，然而厂领导自身的消防安全意识并不强，企业存在多种消防隐患。例如：厂区布局设计不合理，仓库和车间的距离太近；消防设备常年不更换，也没有定期维修和检查；库存品堆积成山，导致散热不良。

一天，仓库里堆积的海绵成品蓄热到了一定的温度，突然自燃。燃烧初期，因为仓库里没有员工，所以没有被及时发现。但火势蔓延很快，没过多久，整个仓库都被烧毁。火势还朝着北侧和东侧的生产车间蔓延，仅仅10多分钟，车间就被卷入熊熊大火。员工发现后拿灭火器及消火栓灭火，可是消火栓里面没有水，灭火失败。最后，消防队派了八辆消防车，二百多名消防队员赶到现场，经过奋力扑救才最终将大火扑灭。

热能积聚很容易造成突发性火灾，而且大多数情况下无法做到及时察觉，等发现时，火势已经过了初期发展阶段，无法使用常备的消防设施进行灭火，从而导致损失惨重。所以，企业在日常作业中需要重点从防止化学反应热、摩擦热、太阳热等方面着手，防止热量积聚。

(1) 防止化学反应热造成火灾

在化工领域，化学反应热是一种具有代表性的着火源。在化工过程中，许多化学反应如硝化、氧化、聚合等都属于放热反应，如加料不当、温度控制不当、冷却不良、搅拌中断等，均可引起原料的脱出或着火、爆炸；生石灰和水发生反应，其产生的热量比许多物质的自燃点高，可以点燃附近的易燃物体；用植物油浸泡过的干燥的纤维或木片，可在空气中发生氧化并燃烧；黄磷、石油储罐中的硫化铁等在低温下自燃；可燃物质如松节油、甘油等，与氧化剂如高锰酸钾，或硝酸等酸性物质接触后，会很快发生氧化，并自燃。为了最大限度降低火灾风险，必须对这些化学反应产生的热量进行严格的控制。

在化学反应过程中，应严格按照预定的速率控制进料，避免反应过热而发生分解和爆炸；在放热反应中，应选用最高效的制冷方式和最优的换热器，使热能及时排出，避免过热，如果在反应期间，搅拌被打断，会导致散热不良，局部温度升高，从而导致局部反应剧烈，发生危险，因此，在反应期间，搅拌不能停止；生石灰等易引起化学高温的物质，要储存在干燥的地方，避雨，远离易燃物质；废棉纱、破布、工作服、手套等应放在有盖子的铁桶中，并及时清理；对低温自燃物料，应采用惰性气体进行低温保存；对易燃的物料，要按类别分开储存，不得混装。

(2) 防止摩擦热产生火灾

摩擦热也是引发着火的一种情况，在有易燃物质（粉尘、飞絮）的工厂中，由于机械轴承的润滑不足、润滑不良、长期摩擦发热等，经常会造成黏附易燃物燃烧引发火灾。所以，应及时给轴承加油，以保持良好的润滑，及时清理缠绕在轴承上面的易燃纤维物质。为了降低热量和防止产生火花，搅拌器及通风器轴承必须是非金属或塑料材质。

(3) 避免太阳光照射

太阳光照射也会导致火灾。太阳光照射可以引爆某些化学物质。为防止阳光直射，某些化学物品的车间、库房应在窗格上刷上白色油漆，或使用磨砂玻璃。易燃、易爆、易挥发的危险物品，严禁在阳光下暴晒。

某木材厂曾经发生一起木材自燃而导致的火灾事故，这个木材厂由于安装了监控设备，可以看到发生火灾的全过程。

这场火灾发生的当天天气炎热，根据监控记录显示，下午6点左右，厂区锅炉房附近的木材突然冒起了烟，短短几分钟，便起了明火，一开始是火苗蹿出来，然后越来越大，迅速蔓延。当天的值班人员发现时，已经无法控制住火势，只能报警。等消防人员赶到时，火带绵延近几十米，燃烧面积三四百平方米。经过1个多小时的战斗，大火被扑灭。为防止发生复燃，消防人员又对燃烧过的木材堆彻底清查，并把仓库周围墙体和其他可燃堆放物彻底打湿，确保万无一失。这场火灾虽然在初期没有及时被发现，但报警还算及时，最后没有造成人员伤亡，可是这家木材厂的经济损失十分严重。

7. 控制粉尘浓度，预防爆炸发生

粉尘爆炸，指可燃粉尘在受限空间内与空气混合形成的粉尘云，在点火源作用下，形成的粉尘空气混合物快速燃烧，并引起温度压力急骤升高的化学反应。一般比较容易发生爆炸事故的粉尘有铝粉、锌粉、铝材加工粉、塑料粉、有机合成药品中间体、小麦粉、糖、木屑、染料、胶木灰、奶粉、茶叶、烟草、煤尘、植物纤维尘等。

某棉麻厂曾发生特大亚麻粉尘爆炸事故，事故造成了58人死亡，177人受伤，1.3万平方米的厂房遭到严重损坏，换气室、除尘室、车间里的机器全部被炸毁。

这家棉麻厂总员工数超过6000人。事发当天凌晨2点多，夜班人员像往常一样在各自的岗位上作业。突然，厂里的疏麻、前纺、预备3个车间的联合厂房发生了亚麻粉尘爆炸，并引起了大火。爆炸后，该厂停水断电。当天晚上有400名员工被困在车间。消防队员奋力抢救，到早晨6点左右才将大火扑灭。

事后调查这起粉尘爆炸事故的原因发现，该厂的领导和员工都没有认识到粉尘能爆炸，厂里一直没有对除尘系统进行更换。另外，在当时，该厂由于技术和设计的局限，把中央换气室、变电所和除尘室都放在了厂区中间的位置，等于给厂里装了一颗隐形炸弹。事故发生之后，员工由于缺乏防火逃生技能，而且联合厂房的面积过大，缺少防火隔离通道，员工无法在有效时间里逃生，所以造成严重的人员伤亡。

粉尘爆炸威力巨大，而且极易引发二次爆炸。第一次爆炸的冲击波容易把尘土扬入空中，在爆炸的中心形成负压，“返回风”夹杂着尘土，就容易引发第二次爆炸。

通常引起粉尘爆炸有五种情况。

（1）粉尘本身具有易燃、易爆的特性。

（2）粉尘悬浮于空中，并与空气或氧气进行充分的混合，达到爆炸的极限。

（3）具有足以引起粉尘爆炸的热能，即点燃源。

（4）粉尘具有一定的扩散性。

（5）粉尘在封闭的空间。

与燃烧过程类似，粉尘爆炸三个基本条件必须同时具备，即形成了一定浓度的粉尘、存在一定浓度的氧气或其他助燃气体、具有一定强度的点火源。如能消除或避免其中的任何一个基本条件，就可防止粉尘爆炸的发生。

（1）从可燃物方面进行预防

在实际工业生产中，控制空气中的粉尘浓度可以采取下面几种措施。

①处理粉尘的设备、容器和输送系统要有良好的密闭性能，尽可能防止粉尘泄漏。

②消除或控制粉尘扩散范围，降低可燃粉尘的浓度。例如将生产粉尘的设备单独隔离设置，并设专门的保护罩、局部排风罩和吸尘装置；粉尘运动系统应尽可能在负压下操作，以减少或杜绝粉尘的泄漏；安装有效的通风和除尘系统，加强通风排尘和抽风排尘。

③防止粉尘沉积、及时清理粉尘，避免二次爆炸。例如粉尘车间的地面、墙面、顶棚要求平滑无凹凸处；做好清洁工作，及时采用防爆型真空式吸尘设备进行人工清扫，条件允许情况下在粉尘车间喷雾状水进

行湿润降尘；将空气的相对湿度提高到65%以上，可促使粉尘沉降，并能大量吸收粉尘氧化产生的热量，同时减少静电；做好通风工作，将粉尘及时排出车间。另外，除尘设备的风机应装在清洁空气一侧。应注意易燃粉尘不能用电除尘设备，金属粉尘不能用湿式除尘设备。设备启动时应先开除尘设备，后开主机；停机时则正好相反，这样能防止粉尘飞扬。

（2）从助燃剂方面进行预防

这方面的预防措施主要采用惰性气体保护，降低系统中的氧气含量。工业中通常使用的惰性气体有氮气、二氧化碳等。

（3）从点火源方面进行预防

在有粉尘产生的场所，就必须根据具体的操作环境进行有针对性的点火源预防。具体的措施有以下八条。

①维修带有粉尘的设备时，应注意选择正确的工具，不可以使用在维修时产生冲击或摩擦火花的工具。

②场所的电气设备应符合防爆要求，尽量不安装或少安装易产生静电、易产生火花的机械设备，并采取静电接地保护措施。被粉碎的物料必须经过严格筛选、进行去石和吸铁处理，以免杂质进入粉碎机内产生火花。

③在粉尘爆炸危险场所进行电焊作业，首先应将设备内的物料清除干净，同时采取有效措施避免焊渣落到设备内或物料上。

④沉积在照明装置、机械设备等热表面的粉尘，要及时清理，防止其受热时间过长，引起自燃。

⑤凡是产生可燃粉尘的场所，应列为禁火区，严格控制明火的使用。

⑥加热装置、高温物料输送管道等表面，在任何情况下温度不能高于粉尘的引燃温度。

⑦要定期检查电气设备，防止因其线路老化、短路，产生点火源。

⑧在有条件的加工车间，可以安装火花探测系统和灭火联动系统，这种系统通常安装在除尘管道或粉末输送管道上，在探测到管道内火花后，会产生适当的水雾将火花熄灭。

第三章

火灾高危单位，做好特殊防护

有些单位由于自身经营的需要，会在储存、运输、生产、实验等环节涉及易燃易爆物品，因此，这些单位更应采取特殊的防护措施加强消防安全管理，严格按照规定的流程进行作业，并对有可能发生火灾的环节采取有效的防范措施，堵住漏洞，防止火灾或爆炸事故的发生。

1. 防微杜渐，科研单位须堵住细微漏洞

科研单位多会使用或产生各种易燃的危险物品，比如甲烷、乙炔、氢气、硫化碳、水煤气、铝粉、煤粉等。要正确认识科研单位所从事的科研项目的火灾风险，强化消防管理，预防火灾。

某工厂的化验室需要进行粗酚中的酚及同系物的实验，这种实验需制溶剂煤油和二甲苯。制作过程需要几个步骤：先将煤油经硫酸洗涤，并与碱相中和，然后进行蒸馏，切取馏出物，再同二甲苯混合配成一定比例的溶剂。当时化验员急于求成，在蒸馏过程中把在电炉上的石棉网取下，烧瓶内的液体容积加量到超过烧瓶容积的2/3，将装液过量的烧瓶直接放在电炉上加热。当煤油沸腾一会儿后，烧瓶忽然碎裂，煤油洒在电炉上顿时剧烈燃烧起来，大火夹着浓烟吞没了整个化验室。化验员吓得惊慌失措，大声寻求救援，从走廊路过的工人闻声立刻赶来，用灭火器将大火扑灭。由于灭火及时，除烧毁一些设备外，并没有造成人员伤亡。

科研人员要充分做好实验前的准备工作，熟悉实验内容、掌握实验程序，严格遵守实验程序及规章制度，防止操作不当造成火灾；另外，还要定期参加实验室消防安全训练和演习，能熟练运用灭火器。科研实验室制定的防火规定内容一般包括以下九条。

（1）在实验室里，必须储存足够的消防器材。消防器材应置于醒目的地方，方便使用，并由专人负责。员工必须维护好消防器材，并定

期进行维修、更换。

(2) 实验室内存放的可燃、爆炸性物质均应与火源、电源保持一定的距离，严禁随意堆放。

(3) 勿乱拉或乱接电线，严禁超负荷用电。实验室内不能有任何暴露的电线头，也不能用金属丝替代保险丝；禁止在电源开关盒中堆积任何东西。

(4) 要定期检查电器、电线、插头和接头，如果有火花、短路、发热、绝缘损坏或老化的情况，应立即通知电工进行修理。不允许擅自使用高功率电器。严格执行用电规程，在离开实验室前应对实验室的设备进行检查并切断电源。

(5) 使用电烙铁时，应把电烙铁置于不可燃烧的隔热支架上。不能在四周堆积易燃物。使用完毕后应立刻拔掉电源。

(6) 不可将易燃气体和助燃气体混合在一起。严禁在热源或明火附近使用各类瓶装气体。要做好易燃物防晒工作，严禁撞击，涂料标识必须完好，使用专用气瓶。使用的易燃气体通常应置于户外凉爽、通风的地方。

(7) 实验室内禁止存放任何与实验无关的可燃性、爆炸性物质，并应远离火种等点燃源。

(8) 禁止在实验室中将药物混装、混配使用。实验室残留的药物应按照有关规定进行处置，不得将其带出或倾倒于下水道。

(9) 禁止未经许可的人员进入。

在某高校实验室里，一名实验员正在处理金属钠，他先将一升的工业乙醇倒入水槽里的塑料盆中，又用剪刀将金属钠剪成小块放进水盆。其实，处理金属钠应该特别注意安全操作流程：一是要清理周边的易燃物品；二是一次处理的量要控制在安全的范围内；三是要在通风良好的环境下操作，以便及时排出氢气。但是对于这几点安全操作规程，这名实验员都没有遵

守。他把大量金属钠放进水盆后，随即释放出大量的氢气和热量，引燃了旁边的废溶剂。接着，装废溶剂的溶剂桶外壳开始着火，引燃了旁边水槽中的乙醇。这名实验员见状，立刻将燃烧的废溶剂桶放到走廊里，然后找来灭火器回到实验室，扑灭水槽里的乙醇。又赶紧去走廊里灭火。此时，走廊里废溶剂桶已经完全燃烧起来，将周边的设施和门都烧毁了，好在扑灭及时，否则后果将不堪设想。

由于不同科研单位研究的课题和领域有很大差异，导致火灾的风险因素也各有不同，因此，不同类型的实验室应该根据自己的特点做更为细致的火灾防护要求，例如比较常见的化学实验室和生物实验室，要从环境设计、原材料储藏、易燃品管理等各方面做好相关规定。

(1) 化学实验室

①化学实验室的防火等级应为一级和二级。进行爆炸危险作业的实验室，必须使用钢筋混凝土框架结构，并根据防爆设计的需要，采用泄压门窗、泄压外墙、轻质泄压板、无火花地面且设有两个以上的安全逃生门。

②化学实验室的电气设备必须达到防爆要求，实验用的加热设备和燃料的使用要符合防火规范，所有的气体压力容器（如钢瓶）必须与火源和热源保持一定距离，要放置在凉爽、通风的地方。实验室残留或一般使用的少量易燃性化学物质，可置于铁柜中，并贴上标签，指定专人保管；5公斤以上的易燃化学品不能储存于实验室；有毒物质必须集中储存，并由专人负责。

③对化学成分不明的物质，首先要进行基本的实验分析，如闪点、引燃温度、爆燃极限等，或从最低限度进行实验，并采取相应的安全措施，做好扑灭准备。

④要有高效的消防设备，并定期对其进行检查和维护。对科研、实验人员进行防火教育，做到能使用灭火设备灭火、会报火警、会

自救。

⑤要制定和完善各项实验的安全操作规范，严格执行化学物质的管理和使用办法，严禁违规作业。

（2）生物实验室

①实验室使用的酒精、醚、苯、叠氮钠、苦味酸等属于易燃、易爆的危险物品。因此，生物化学实验室应该设置在主建筑的一边，大门设置在外部，以便在突发事件中快速地撤离和救援。

②实验室内空气流通性要好。两边都要开窗，最好是让自然风在房间里形成一个平稳的流动，这样才能把工作中的有毒易燃气体及时排放出去。

③可燃液体如乙醇、甲醇、丙酮、苯等，应置于试剂柜底部的阴凉处，防止容器密封不严时，液体从容器中流出，与下方的试剂反应，造成危害。高锰酸钾、重铬酸钾等氧化剂应与可燃性有机物质分开存放，不可混用。在阳光下，乙醚等会生成易燃的过氧化物，要避光储存。打开后未用完的乙醚，不能存放在普通的冰箱里，以免乙醚挥发的蒸汽碰到冰箱里的电火花而引起爆炸。

④药剂的标签必须完整、清晰，如有脱落，应立即更换新标签。药剂要由专业人员进行保存，并定期进行检验。

⑤有些研究所采用液化气、丙烷作为燃料，应该将其分开存放，通过金属管道进入实验室。

⑥室内的布局要合理。试剂柜应放置于实验室阴凉处，不可靠近南窗，避免日光直接照射。电烘箱、离心机等设备要设置在远离试剂柜的角落，并注意自然通风的风向和避免阳光的照射。

2. 恪守不渝，石化企业须筑牢消防防线

石油化工行业可燃的材料相对较多，一旦发生火灾，燃烧速度快且不易熄灭。石油化工火灾中的可燃物燃烧时，容易引起大范围的环境污染，更严重的是，会产生大量的毒气，给人和环境带来很大的威胁。

石油化工行业的火灾有不同类型，但其产生的原因却有很多相似之处。

（1）设备泄漏。石油化工生产中的火灾事故主要原因是由设备泄漏引起的。曾有调查表明，设备泄漏引起的事故超过火灾事故总数的1/3。设备泄漏与设备设计、设备材料、检修质量和技术特性这几方面的原因息息相关。

（2）违章动火。石油化工企业在生产、检修过程中少不了动火，违章动火引起的火灾也占很大比例。违章动火行为主要有以下两种情况。一是为了加快生产和检修进度，无视安全法规，在不具备动火条件的情况下进行动火。二是部分员工对动火管理法规不了解，或者抱着侥幸心理，不办理动火手续，在没有配备灭火器材也没有人在现场监督的情况下私自动火。

（3）操作失误。石化企业大都具有规模较大、工艺流程复杂、工艺参数多、作业困难等特点，所以操作失误也是引起火灾的主要因素之一。作业过程中出现操作失误既有管理上的问题，也有作业人员的专业素质问题。误操作主要是错开（闭）阀门，或阀门没有关闭、容器和管线没有及时更换，或者没有及时进行设备拆除等，从而导致设备超压、温度过高、物料泄漏等引发火灾。

（4）电气故障。由于设计和选型不当、安装和使用不当或设备线路老化，防雷、防静电设施不健全等引发的火灾，在石油化工行业中也占有相当大的比重。

（5）自发燃烧。在石油化工行业，生产中由于高温物体表面多，采用高压压缩工艺，加之某些物质的自身性质，很容易引发自燃。

某炼油厂曾经发生一起严重的爆炸火灾事故，事故烧毁了69条输油管道。这家炼油厂位于沿海地区，年产油能力达到250万吨，占地超过200公顷。一天，这个厂的值班人员突然听到两声巨大的爆炸声，并且看到了强烈火光。原来，是该厂的非净化风罐发生了强烈爆炸，重达16吨的罐体被炸成碎片，罐里的油品也洒落出来，并燃烧起熊熊大火，着火面积超过一千平方米。几百米内的玻璃都被罐体爆炸的冲击波击碎。消防大队接到报警通知，立刻奔赴现场，并多次请求增援，经过3个多小时的奋战才将大火扑灭。

经过调查发现，造成这起事故的原因是当时炼油厂的操作工违章操作，使液化气管线断裂进而引发火灾。

石油化工企业防火对策。

（1）控制明火来源

从细节出发，在作业的每个环节中加强对明火的管理，如需要使用明火，则设备要严格封闭，并与设备大楼隔离；储罐、管线等易燃易爆场所，严禁使用常规电灯，要使用防爆电气设备；禁止在有火灾风险的地方进行焊接和切割。要定期检查熬制设备，以防烟道上蹿火和烧锅爆裂；在机械轴承的使用过程中要涂上润滑油，并定期清理黏在上面的易燃物。任何碰撞的两个部件都应该使用两种不同的材料，例如铜和钢、铜和铝等。不能使用特殊金属的设备，必须采取惰性气体防护或真空作业。为了避免金属部件随着材料被带入装置，引起碰撞着火，应在这些装置上设置磁性分离装置。禁止在可燃和爆炸性工作场所穿钉鞋；不能将衣服及其他易燃物在高温管线及设备上进行烘干；工厂

内禁止吸烟。

（2）管理生产过程

工艺布置应符合防火规范，工艺安装需要配备有效的安全消防措施。根据火灾风险的大小，采取相应的防火和灭火措施，并对其进行防爆设计。采取措施来控制和消除形成爆炸的环境，并减小爆炸波的冲击。在生产中要避免“跑冒滴漏”，如果生产中出现任何异常，比如突然断电、停水、易燃品大量外溢等，要立即处理。

（3）完善消防设施

在现代化学工业中，安全防护设备是预防火灾和爆炸的主要手段，除了灭火器、消火栓等必要的灭火设备之外，化学工厂还应配备安全保障装置，以防止发生火灾。例如可以采用自动检测、自动调整、自动操作、自动信号和联锁系统，减少化工生产的危险性，提高安全生产。这类安全保障设备由安全指示灯、指示器、安全铃等组成，当发生危险时，会自动发出警报，使操作人员迅速采取相应的安全措施，排除火灾危险。另外，还可以在需要的环节安装安全阀、爆破片、防爆门等，以便在生产过程中发生异常情况时，自动排除异常情况，并可防止设备损坏；安全联锁也是非常有必要的，它具有特殊的作业次序，是一种预防误操作的安全设备。

3. 居安思危，加油站须严防爆炸事故

加油站在方便人们加油的同时，也存在相当多的危险因素，由于汽油具有燃烧性、挥发性，很容易因疏忽引发火灾或爆炸，而且加油站有地下油库，一旦发生事故，后果不堪设想。

某个库站合一的加油站的油罐由于明火发生爆炸和火灾事故，当场死亡2人，受伤1人。后经调查发现，事故的直接原因是，加油站里1号罐的扶梯出现松动，油库的负责人找来两名修理工对其进行焊接。焊接之前，罐室内存在油蒸气，且达到爆炸极限，油库的负责人由于缺乏安全意识，同时也为了图省事，并没有进行严格的油蒸气浓度检查，就直接让工人进行焊接作业。由于在焊接的过程中出现明火，随即导致加油站发生爆炸和火灾事故。

加油站的火灾有两种类型：操作原因导致的火灾和非操作原因导致的火灾。

（1）操作原因导致的火灾

①在卸油时着火。在卸油过程中，有60%~70%的火灾事故是由油罐车引起的。例如：因卸油胶管破裂、密封垫破损等，导致原油滴落到地上，一旦遇到火星立刻起火；由于油管无静电连接，采用喷溅式卸油（油罐车无静电接地，会产生静电积聚放电，点燃油蒸气）；在不封闭的情况下，排出的油蒸气从排出孔内溢出来，遇火发生燃烧。

②在量油时着火。在完成收、发油操作后，应留出充足的静息时间，待静电清除后再打开油盖，以免引发静电着火。如果量油口铝质嵌槽脱落，在油罐计量时，量油尺与钢管口发生摩擦，产生火星，也会使油罐中的油蒸气发生爆炸和燃烧。

③在加油的过程中着火。目前，我国大多数加油站还没有使用密闭加油技术。加油时，会有大量的油蒸气泄漏，在注油口周围形成一个危险区域，如遇烟火、手机、金属碰撞等，均可引发火灾。

④在清罐时着火。在加油站进行油罐清洁时，由于油蒸气和沉积物不能完全去除，残留的油蒸气遇到静电，由于摩擦产生火花等会引起火灾。

（2）非操作原因导致的火灾

①燃料油火灾。例如油罐、管道由于腐蚀或制造缺陷，在非工作条件下发生泄漏，与明火相遇发生燃烧；又如在雷击作用下，油罐、加油机等发生间接放电时，也可引起油料的燃烧。

②非燃料油火灾。比如：电器着火、电器老化、绝缘破损、短路、乱拉乱接、超负荷用电、电器使用管理不善等。

某加油站处于乡镇的三岔路口，与这个加油站接连的有6间门市。一天，油罐车到这个加油站卸油，卸油的同时也将油罐里的油气排到了加油站的地下室。等油罐车卸完油开走后没过多久，一辆拖拉机带着油桶来加油，同时又有一辆大巴来加油。正在加油时，轰的一声加油站爆炸了，附近的门市也一同被损毁，就连几百米外居民楼的玻璃也被震碎，拖拉机和大巴都着起了大火，现场一片狼藉。

后经调查发现，加油站地下室有3个油罐，这3个油罐的进出油管是安装在有入孔的盖子上的。加油孔是敞开的，并且和地下室的空间相连，在油罐车卸油时，罐里的油气被排放到整个地下室。当天的加油机由于运行时间过长，导致机器发热，热量蓄积到一定程度便引发了燃烧，从而导致加油机内空间、地下室空间的油气发生爆炸。

针对加油站存在的火灾隐患，要从小处着手，采取多种方法进行防范。

①对加油站的设备进行安全间隔管理。按照技术要求，对加油站各类设备的安全距离进行控制。应注意油罐操作井、卸油口、加油机、呼吸管口与站房、锅炉房、配电间以及其他辅助设备间的距离，以及与围墙或站外明火及散发火花地点、道路或公共建筑、电力和通信架空线的间距，避免靠近火种。

②要保证防火设备的安全、高效。按规定配备消防设备，加强消防设备的日常管理和保养，建立消防设备的维修和管理档案。消防设备必须保持表面清洁干燥、无生锈，避免日晒雨淋及强烈的辐射。灭火器不可移作其他用途，应放置牢固、无埋压、便于使用，灭火器盒不可上锁。定期对消防设备进行检修。在使用完灭火器后，应重新配置灭火级别不低于原灭火器，且质量合格的灭火器。

③控制明火的产生。禁止在储罐附近燃放烟花爆竹。严禁使用明火和油灯。仓库里禁止安装煤炉和电炉。油库内的电气设备应按安全标准进行安装。电机、开关、照明灯等均采用防爆类型。

④严格按照储油容器的安全标准进行充填、运输、贮存。要按季节划分，预留5%~7%的气体空间。修焊油罐或桶时，应先清洗。为了防止在焊接前发生爆炸，在开箱（桶）时，不要用金属工具敲打。必须在储罐里安装避雷装置。

⑤降低并防止静电的发生。在进行燃油回收操作时，应按要求控制流量速度，尤其当油温高时，更要减小流速。当将燃油注入不同的容器时，应该把管道插入容器的底部，这样可以减小油流的冲击，防止搅拌。在灌装完成3/4后，要适当地减慢油流速率。

⑥把储油罐、油管、油泵等与地面相接，是防止静电积累的最好办法，还能起到防雷的效果。

⑦储罐应设置安全防火专职人员，并配备相应的灭火设备。定期对消防设备进行检查，发现有缺漏或丢失的，应及时补充。禁止挪用消防器材。日常需备齐泡沫灭火器、干粉灭火器、石棉被、砂箱等消防器材。定期检查消防水源或消防水池、水泵、水枪、水带、砂池，以及消防标牌、标语和警告标志等消防设施的完好情况。

除此之外，加油站的消防安全管理更要从人员入手，通过定期的安全教育、防火演习，对全体职工进行安全培训，加强员工的安全意识和素质，并定期进行评估，使其了解基本的物理化学特性，并熟悉各类消防设备的使用方法及基本灭火技巧，时时刻刻都要有强烈的安全意识，

自觉遵守规章制度，严格按照要求操作，做好日常防护，把火灾和爆炸事故发生的风险以及损失降到最低。

4. 未雨绸缪，纺织企业须严格控制火灾隐患

纺织企业生产材料主要以可燃的棉、纱、布、绒、麻为主，同时，在生产中使用大量的电力和热量，一旦发生火灾，后果十分严重。因此，对于纺织企业，消防工作更加艰巨，企业全员应提高安全防火意识，加强消防管理，以确保员工生命的安全及生产安全。

某纺织企业由于经营状况不佳，除三纱车间外，一纱、一织、二织车间以及牛仔布车间长期处于停产状态。企业领导只注重企业的生存和发展，对于企业的消防安全制度并没有严格地执行和监督。当地市里的消防部门曾经多次到企业检查，针对企业的消防设施、车间环境以及电气设备、线路等问题提出了具体的意见，并下达了消防安全整改通知书。但企业领导没有履行安全职责，也没有落实整改，更没有对消防安全问题投入更多的防范措施。

这年冬季，由于市场上棉纱行情转好，企业决定增加产量，将一纱车间的并条机、清花机、疏棉机等重新开机。这天，值班的工作人员在值班室里突然看到电灯开始闪烁，并听到响声，他赶紧跑到车间，发现已经着起了大火。随后，值班人员马上拨打119报了警。消防队调动了20多辆消防车才最终将大火扑灭。

调查发现，引起这场火灾的原因是一纱车间灯光镇流器线圈过热，致使沉积的棉纤维粉尘燃烧起火，火势由小变大，将周边的易燃物引燃。这场火灾给企业带来了巨大的经济损失，整个厂房内的设备都被烧毁。

纺织企业在消防管理工作上要以“安全第一、预防为主、综合治理”为原则，认真排查各生产细节所存在的火灾隐患，从源头上根除危险。

火灾的发生通常有三个必要条件，即可燃物质、助燃物质和点火源。由于可燃物质和助燃物质的客观存在，断开点火源是预防和控制火灾的重要手段。纺织企业可以从控制点火源入手，通过对“人”的思想行为的管理以及对“物”的严格管控来加强消防安全。

(1) 针对“人”的预防措施

①规范工艺操作规程，强化设备的基本操作，建立严格的奖惩体系。

②建立和完善安全管理体系，把安全生产责任落实到个人，不留下任何盲点。

③制订防火安全计划，并定期组织各车间的防火疏散演练，以强化职工在日常工作中的逃生意识，掌握逃生方法。

④在高温、高湿环境下，实行多班作业制，控制员工每日工作时间，减少员工劳动强度，同时也减少机器的有害磨损。

⑤维修人员定期对机械设备进行检修，如有松动、变形或间隙移动，应立即进行维修。检查设备时，务必将周围的纤维和飞花、飞絮等可燃物清理干净，并采取必要的防火措施，检查完后要清点工具，以免造成意外。另外，机器的旋转位置要确保旋转润滑。

⑥对所有员工进行定期的消防安全教育和培训，特别是一线设备的操作人员，要定期进行考核，对新员工，要进行系统的、有针对性的培训，要定期组织新老职工的技术讨论会。在对员工进行安全培训与教育

的过程中，逐渐建立起公司安全文化。

⑦设立专门的安全检查员岗位，负责监督员工的日常工作，如果发现企业员工存在安全问题，要第一时间予以提醒、制止和处罚。

（2）针对“物”的预防措施

①购置新设备，必须进行严格的安全检查，确保其满足安全标准，并配备齐全的安全保护装置。对旧电气设备及线路的保留使用，必须进行安全评估，必要时更换或维修，以消除火灾隐患。

②改进电气设备和线路的短路和过载保护，强化电气设备、电线的绝缘，电气连接部位应定期检查和维修，以及使用防尘电气装置等措施来控制花毛火灾。

③针对火灾的常发点进行机械、电器技术改造。例如在抓棉机的打手处安装吸铁装置等。

④定期安排专人对屋顶的避雷设备进行定期检查和维修，以避免因雷击引起的设备漏电、短路等事故。

⑤厂房内部应该设有金属探测排除器、烟火报警装置和多用途水枪以便在第一时间发现危险并采取措施，将损失降到最低。

⑥加强对厂区的清扫，及时清除积存的灰尘，确保通风。

⑦安全标识必须清楚，如高压电区域，要设置警示牌。

⑧对工作区进行明确的分割，设置标识，严禁阻塞工厂内部的道路。

⑨染色剂、助剂储藏区域内的物料一般都是易燃性的，应保证空气流通，并保持室内的湿度，以避免染色粉末在空中飘浮，从而引起静电导致火灾。

5. 规行矩步，木材加工企业须加强消防管控

木材加工类企业通常堆放着大量的原材料，这些都是易燃物品，而且在木材加工、生产过程中的某些工艺和粉尘等因素也很容易导致火灾，这类物质一旦起火，会迅速引燃原材料，极易引发大规模火灾，造成严重的经济损失和人员伤亡。

在木材加工行业中，火灾风险可归纳为以下几点。

(1) 可燃烧的材料较多

木材生产企业中，一般堆放有很多木材加工过程中的原料、半成品和成品，以及产生的大量锯末、刨花、粉尘等，一旦着火，蔓延速度较快。胶合板采用脲醛树脂作为黏合剂，由于掺入面粉，阻燃性能较差，也容易着火。另外，在生产中所产生的树皮、油污棉纱、边角废料等都是可燃物。

(2) 木材粉尘具有爆炸性和自燃性

锯材、纤维板的生产、切割、筛、磨、锯边、刮（砂）等过程中，都会产生大量锯屑和木屑，机械撞击火星或摩擦生热极易引起火灾或发生爆炸。

(3) 干燥工序容易引发火灾

干燥工序一般使用蒸气或利用烟道气干燥木材。烟气干燥引起的火灾危险性更大，因为烟气的温度很高，热量会通过墙壁传递到干燥室，或将烟雾直接送入干燥室，这样就有可能因烟气温度过高，或者室内蹿入火花，使木材过热而起火。特别是中小型木器工厂，会使用火窖或火炉来烘烤木材，通风良好的情况下，木屑、锯末易燃烧，点燃干燥的木

材导致火灾。

（4）热压过程容易引发火灾

胶合板和纤维板的制造均采用热压工艺，将胶合板和纤维板结合在一起。其着火温度为190摄氏度，超过160摄氏度时，其放热反应会加重，热压成型的胶合板和纤维板本身就具有很高的温度，如果不进行散热处理，很容易出现自燃现象。

（5）涂胶、喷胶、胶合和胶料配制工序容易引发火灾

胶合板涂胶、纤维板喷胶和木材部件胶合用的胶，分别是脲醛树脂和酚醛树脂、皮胶和骨胶。脲醛树脂的火灾危险性较大；配制酚醛树脂和脲醛树脂时需用易燃液体做稀释剂，如有电气火花或明火则极易引起火灾。配制胶料时，用火炉熬皮胶和骨胶，炉火控制不当，也有可能引起火灾。

（6）涂漆与喷漆工序容易引发火灾

制品在涂漆过程中，需使用油漆、硝基漆和各种溶剂、干性油等，这些物品大都是易燃液体，特别是喷刷硝基漆会产生溶剂蒸汽，与空气混合可形成爆炸性混合物。

（7）电源管理不当容易引发火灾

电线铺设不当、线路超载、电线老化，穿越木材堆的线路没有经过穿管保护，因绝缘破损而造成的短路等都容易引发火灾。

某林业公司储木场是大型储木基地，因为销量不乐观，导致储木场里的储量增多，达到严重超储级别。日常经营过程中，公司领导只重视生产和经营，对于安全问题没有过多的关注。

场里的安全风险漏洞很多，例如储木的堆垛间距严重不足，消防通道不畅通，消防设施不足且常年没有更新。另外，厂里的电线老化问题严重，公司领导始终没有考虑更换。

这一年春天，风特别大，木场二队拉链机上方的电线被吹

掉了下来。电线掉下来后碰撞短路产生了火花，引着了木料。火势蔓延很快，等到场里工人发现的时候，已经无法控制，只能报警处理。

这场大火不仅烧毁了场里的木料和设备，同时也烧毁了附近 90 多家居民的房屋，可谓损失惨重。

木材加工企业的消防安全管理要做到以下几个方面。

（1）制定严格的消防安全规范

①工厂建筑的耐火等级不得低于 3 级。干燥室（烤板窑）和油漆间应为一级或二级耐火等级，并以单独的建筑为宜。如条件不允许，须用防火墙进行隔离。

②大型木器厂应分区布局。生产区、木材堆场、行政管理区、生活区须用围墙、绿地或道路隔开。

③按照规定，生产车间、木材堆场、锅炉房等之间要有充分的间隔。

④在工厂内，应当有一条环形的消防通道，或一条宽不小于 6 米的可供消防车通过的平地。

⑤工厂内应有安全疏散通道，通常不少于两个，疏散通道和门的宽度应达到规范要求，采用外开门，疏散楼梯采用密闭的楼梯通道。

（2）配备适当的灭火设备

①车间、仓库、木材堆场等，应根据消防设施的设计规范，按面积和危险度，配备相应的灭火器材。

②远离消防队的大型、中型木器厂，应当设立专职消防队，并配有消防车。

③应设置足够的消火栓，确保消防安全。

（3）加强易燃物品管理

①原料、成品、半成品的堆放要保证一定的间隔，并且不能阻塞消防通道。

②处理好的木材不能随意堆放；堆存的半成品不得影响到工厂内部和外部的通路。

③木屑、锯末、边角料、刨花、木粉等须及时清理干净。

（4）加强电力管理

①电力设备的安装必须按规范进行，电动机采用封闭式，电线要穿过管套，电气设备如开关、配电盒等要有保护措施。

②高压电线的设置应尽可能远离工厂。为了避免因高压线路的问题而引发火灾，引入工厂的线路必须尽可能短。

③仓库和电线穿越木材堆时必须采用钢管连接，尽量采用地埋式电缆。如果采用架空电缆，其与木材堆放之间的间隔不能小于钢管总长度的1.5倍。

④安装在锯床上的电线，要有可靠的保护措施，避免与其他物体摩擦，绝缘损坏，造成短路，导致火灾。

⑤各类电器的金属外壳必须有可靠的接地。

⑥厂房、仓库、锅炉烟囱和木料堆场应按规定安装可靠的避雷器。

⑦工作结束后，工厂的主电源应由专门人员切断，并由专门人员进行检查。检验员要检查现场是否干净，是否有烧焦气味，是否有烟雾，如果发现异常，及时进行处理。

（5）安装除尘设备

①各类木工设备均应安装吸尘器，采用机械排风方式，将锯末、木屑、刨花等经管道排到除尘室。

②车间内必须设置排风设备，排风设备要选择有色金属的叶轮，经常检查，防止摩擦和碰撞。

（6）强化生产过程中的消防安全措施

①烟气干燥时，炉内温度可达到700摄氏度以上，因此，一般不宜采用炉内干燥。如果采用时，必须将木料与火源彻底隔绝，烟道表面的温度不能高于100摄氏度，而室内的温度不能高于80摄氏度。当烟道出灰的时候，要用清水淋湿炉灰，然后将其倾倒到安全的地方。

②干燥室必须安装电力线路时，其布线应具有良好的耐热性能，熔断器、开关宜安装于其他室内或户外专用的配电箱中。

③在干燥过程中，要严格控制干燥的温度和干燥的时间。定期检查温度计的精准度。如果发生断电或设备出现故障，应立即停止加热，并及时将设备内的物料移除。

④在干燥室中，应设有自动报警器、自动或人工控制的喷水和蒸汽的灭火装置。

⑤在热压过程中要注意控制温度，及时清除灰尘。

⑥胶料加热时，应采用蒸汽加热、热水加热等，不可采用明火。

⑦喷涂油漆时应在固定的区域进行。调漆、配料不得在车间内进行，必须在车间外独立的房间里进行。如果工厂厂房面积较大，需要在现场喷涂油漆，必须要有良好的通风，并停止所有的明火作业。定期去除喷漆区域地面沉积的漆膜，以防因自燃而发生火灾。

（7）加大防火管理力度

①禁止采用火炉或高压蒸汽供暖，根据不同场所的危险类型和特殊的防火要求，采用热水集中供暖。木材、机器和加热设备之间的间隔不能小于1米，经常清除管道和设备上的木屑和粉尘。

②严控明火作业。必须进行电焊、气焊、气割或其他用火作业，须经相关部门批准，并按照规定进行防火处理。例如：清除动火点周围的易燃物质，准备好灭火设备，并安排专人进行监控；在工作结束后，要认真地查看是否有残留的火星，在确定安全的情况下可以撤离。在有风的天气里，所有的明火都应该被禁止。

③严禁吸烟，禁止燃放烟花爆竹，严禁出现明火。企业可根据自身条件，在车间或仓库外的安全场所设置专门的吸烟室。

6. 观念先行，建筑工地须强化消防安全意识

我们经常看到建筑工地发生火灾的报道，这是因为在建筑工地上，设备多、易燃材料多，而且由于施工人员数量较多且不易监督和管理，有时为了抢工期，会出现违规作业行为，这些因素都容易导致建筑工地火灾的发生。

某天下午，一栋正在施工的28层公寓燃起了熊熊大火，最开始起火的是10~12楼层，火势越来越猛烈，没过多长时间，整栋大楼都陷入了火海，并且，随着火势的蔓延，周边的居民住宅楼也被大火包围，居民楼里当时有一百多居民被困在火海里。接到报警后，消防指挥中心先后出动了40多个中队，百余辆消防车到达火场进行人员搜救和灭火作业。这栋居民楼的住户大多是年龄较大的退休人员，在火情突发后，不能及时逃离火场，最终，这场火灾导致了58人遇难，70多人受伤。

事后调查起火的原因是有两名焊工在公寓楼无证作业，并违反了安全操作规程。此外，施工作业现场管理混乱，多项安全设施不达标，明显存在工地领导为抢工期抢进度违反安全管理条例的情况。

通过对火灾事故的总结，归纳出容易导致建筑工地发生火灾的五个方面。

（1）消防安全意识淡薄，施工人员的安全素质不高

这是导致建筑工地发生火灾最重要的一个原因。很多工地的负责人

没有尽到自己的防火责任，也不愿意购买必要的消防设备。另外，施工人员流动性大，缺乏严格的安全管理培训和消防安全教育，对防火知识的理解不到位，且存在着较大的侥幸心理。

（2）未按照设计图纸及消防规范施工，任意降低防火标准

有些建筑工地的建设项目未经消防部门批准而擅自进行；有些建筑工地虽然已通过防火许可，但是擅自更改建筑工程的局部平面设计；也有的建筑工地为了节约开支，大量选用廉价易燃材料，例如电线、吊顶、龙骨、室内家具、地面铺设材料、墙布等，导致房屋的耐火性能下降，消防荷载增大；部分建筑施工中存在着消防设施遮挡，减少消防安全出口、疏散通道的数量和设计宽度不规范等情况，有一定的消防安全隐患。

（3）建筑工地管理不规范，消防安全工作不规范

一是施工场地大量的易燃物被随意堆放。施工现场乱堆建材，堵住了消防通道；施工房屋外部使用的脚手架和安全防护设施没有及时拆除，造成建筑间的消防间隔过小。

二是用电量大，线路铺设不规范。目前，施工机械化程度不断提高，工地上的机械作业量、用电量急剧增长，临时用电、设备安装不规范、电线乱拉乱接等问题十分突出，尤其是在工人宿舍和食堂，电线接头随处可见，由于电线移动频繁，绝缘层破损较严重，易发生短路导致火灾，更为严重的是许多配电箱被随意安装在可燃木质构件上，也极易引发火灾。

三是存在违规使用明火的情况。在施工过程中，部分工人使用电刨、电锯、切割机、电焊等设备时防护措施不到位，部分工地还存在边营业边施工的情况。施工、住宿人员用火用电管理不到位，擅自使用火炉、液化石油气等，都存在极大火灾隐患。

四是忽视对烟头和其他火源的控制。在工地上有大量的可燃、易燃物，而且现场有大量的外来人员，如果不能有效地控制吸烟或其他火源，很容易引起火灾。

五是对可燃、爆炸化学品的监管不力。施工单位使用氧气和乙炔的频率较高，如果使用管理不当，很容易发生群死群伤的火灾事故。

（4）消防设备配置不足，消防通道不畅通

个别大型施工工地上，只备有少量的灭火设备，而在少数中小工地，连基本的消防设备都没有配备。一些施工工人为了方便，将易燃材料和杂物随处堆放，导致消防通道不畅通，一旦着火，将会导致严重后果。

（5）建筑密度高，防火等级低，易燃材料多

由于施工场地的限制，大部分建筑工地的办公室、员工休息室、职工宿舍、仓库等都是相邻的，或呈“一”字形分布，而且多为临时建筑，结构简单，防火等级一般在三级到四级之间。此外，部分员工宿舍与重要仓库、危险物品仓库相邻，临时建筑之间用木板隔开，只有一个安全出口，一旦着火，很容易引发火灾。一些工地仍然使用木制等可燃性的材料搭建临时宿舍，万一起火，火势必会迅速蔓延。

上述五点是导致建筑工地发生火灾的主要原因，施工方应从这些方面加强消防安全管理，提升全员的安全意识，同时，从规划、制度、环节、材料等方面排除火灾隐患。

（1）有关部门要按照各自的职责，加大巡查力度

严格按照“谁主管谁负责”的原则，实行层层责任制。根据相关法规，建设工程施工现场的消防安全由施工单位负责；如果实行施工总承包的，由总承包单位负责；分包单位对总承包单位负责，需在施工现场接受总承包单位的消防安全管理。对建筑物进行局部改建、扩建和装修的，建设单位与施工单位在签订合同时，应明确各方的消防安全责任。

（2）加强防火和安全管理工作

建设单位要严格按照《机关、团体、企业、事业单位消防安全管理规定》进行消防安全管理。一是确定法定代表人或非法人单位的安全负责人，对工地的消防安全全面负责；建立专职的消防安全机构，负责日常的防火巡查和处理突发事件，并指定专人负责停工前后的安全巡

视检查，重点巡查有无遗留烟头、电火源、明火等安全隐患。二是对被雇用的工人进行防火教育，使其掌握基本的防火知识，会报火警、会使用灭火器材、能扑救初期火灾，尤其要加强对电焊、气焊作业人员的消防安全培训，使之持证上岗。三是要保证各施工单位的防火责任层层落实，确保形成了一个严密的防火工作网络。

（3）对建筑工地的防火和安全布置进行科学的规划

一是要根据施工场地平面布局的具体情况，对作业区进行合理的规划，尤其是明火作业区、易燃可燃材料堆场、危险物品库区等区域，应设置醒目的标志。将火灾高风险的区域设置在施工场地下风处位置。居住区的设置应符合相关的消防规定，职工宿舍楼不应设于建筑工地内。二是尽可能选用难燃性的建筑材料，减少工地的火灾荷载，增加临时房屋的耐火等级，并在各建筑物之间留出一定的间隔，禁止宿舍用易燃材料搭建。三是保证在施工场地内有两条以上的消防通道，并保证其宽度不小于3.5米。消防通道严禁堆放建筑材料，妨碍其使用。四是严禁工人宿舍门窗封闭。确保人员出入畅通、安全，并配备必要的灭火设备。

（4）加强对建筑工地的防火审查和动态监管

一是要严格控制易燃材料的用量，在审查时要严格按照规范对各种建筑的不同部分所选用的材料进行严格的审查。二是严格检查施工工地是否按照要求配备消防设施、疏散指示标识等。三是加强对建筑工地电力、电气设备的审查。电线敷设在有可燃物的闷顶、可燃隔断夹层内等位置应穿防火阻燃管对电线进行保护。四是严格按照法律法规，对建筑工地进行动态防火巡查。在施工期间，要重点抓好消防安全责任制的落实、用火用电和危险品的储存情况、职工宿舍消防安全情况以及消防器材的配备情况等。

7. 滴水不漏，物流企业须细化消防安全检查

近几年，随着电商经济的发展，快递的需求量、流转率也在逐年升高，产生很多消防安全问题，这对于物流业发展、相关一线工作人员人身财产安全和社会经济整体发展都有一定的威胁和挑战。因此，在物流企业发展过程中，不仅需要重视各种业务工作的开展，同时还需要给予消防安全管理工作高度的重视，采取有针对性的管理举措，让消防安全得到充分的保障。

某快递公司为了节约运营成本，用单层简易库房作为仓库，总面积1000多平方米，除了存放中转的快递件之外，还存放编织袋、纸箱等快递日常使用的包装用品。

某天，仓库里的物品突发火灾。在火灾初期，工作人员没有察觉异常，当发现时火势已经超过了可控范围，工作人员立刻报警。后来，在消防队的救援下，火情得到有效的控制。

这次起火的原因初步认定为仓库内鼓风机的插座线路短路，引燃了周边的易燃物品。所幸这次火灾没有人员伤亡，但900多个快件在火灾中烧毁。

（1）完善物流企业仓库防火安全组织架构，落实安全责任

企业应由其法定代表人在主管部门中指定一人担任消防安全主管，对其进行全面的安全管理，并承担下列责任。

负责制定仓库的消防安全制度，火灾应急计划以及逃生路线图。

定期组织仓库的工作人员进行消防安全培训，确保所有员工都能够

掌握仓库火灾的预防措施、发生火灾时的疏散程序以及基本的急救技能。

定期监测仓库环境和作业区域的安全状况，包括可燃物存储条件、电气安全和其他潜在的火灾危险因素。

确保所有消防设施及设备，例如灭火器、烟雾探测器、消防喷淋系统等处于良好的工作状态，并定期检查和维护这些设施及设备。

确保仓库内的作业符合消防安全管理规范，加强仓库内危险品的安全储存，防止因违规操作而导致火灾。

在火灾等紧急情况下，负责指挥和协调应急响应措施，与消防部门合作，以减轻事故影响。

基于事故分析、风险评估和员工反馈，不断改进消防安全管理措施和流程。

（2）加强物流企业仓库防火安全管理

仓库物品应严格按照防火要求分类堆放，A、B 类的桶装液体，不可在室外储存，高温天气下应采取冷却措施。A、B 类货物的包装应牢固密封，如发现破损、变形、变质、分解等情况，应立即进行安全处置，严防跑、冒、滴、漏。甲类物品、乙类物品、普通物品、易产生化学反应的物品必须分开存放，并在显眼的位置注明存放物品的名称、性质和灭火方式。甲、乙类物品仓库区域内不得设置办公室或休息室。如果其他类物品仓库需要设置办公室，应在靠近仓库的角落处位置设置具有一、二级耐火等级且无孔洞的建筑，办公室的门窗应直接通往库外。存放甲、乙、丙三类物品的库房布局、存放类别不得随意变更，如有必要变更，须经当地公安消防机关批准。

易燃易爆或遇水分解的物料，应存放于低温、通风、干燥的地方，配有专门的仪器进行定期检测，并对其温度、湿度进行严格的控制。在物料进入仓库之前，必须由专门的人员进行检验，确认是否存在火灾和其他危险。使用过的油棉纱、油手套等易燃性纤维制品，应储存在安全的地方，并定期进行处置。仓库因物品防冻而需供暖时，其散热器、供暖管道与存放物件间的间距不得小于0.3米。

（3）加强物流企业仓库装卸过程中的安全消防管理

所有进出仓库的汽车都要安装防烟装置。进入库内的蒸汽列车应关闭灰箱、送风装置，严禁在库内清炉。应指定专门人员看守仓库。机动车、拖拉机不得进入甲、乙、丙类物品仓库。进入A、B类物品仓库的电瓶车、铲车必须为防爆类型；电瓶车、铲车进入丙类仓库时，应配备安全装置以避免火花飞溅。各类机动车辆在卸载完毕后，不得在仓库、货场停车维修。

在仓库中不能建造任何临时建筑物，如果装卸工作需要施工，应由单位消防主管同意，并在完成装卸工作后立即拆除。装卸甲、乙类物品时，严禁穿戴容易产生静电的工作服、帽子及使用容易产生电火花的器具。对于容易产生静电的装卸机械，应采取相应的防护措施。

仓库中安装的起重机械进行检修时，必须进行消防安全防护，并由消防主管审批。装卸工作完成后，应对库区、库房进行安全检查，确保安全后方可撤离。

（4）加强物流企业仓库的电气设备消防安全管理

仓库内的电气设备应满足现行国家有关电气设备的设计、施工及安装验收规范要求。

A、B、C类液体物料仓库的电气设备应满足国家有关火灾爆炸危险场所的安全要求。贮存丙类固体物料的仓库，禁止使用碘钨灯及60瓦以上的高温照明设备。在采用低温照明和其他防燃照明设备时，应采取隔热、散热等防火措施，以保证安全。禁止在仓库安装移动照明设备。在照明灯具下面，严禁堆放杂物。在仓库中铺设的电线，必须用绝缘的硬质塑料管道进行防护。

库区各库房要分别设置电闸柜，管理员离开库房时，要关掉电源。严禁使用电炉、电烙铁、电熨斗等电加热设备，以及电视机、冰箱等家电。在仓库内的电气设备及电线下面，禁止堆放杂物。对于起重、码垛时容易产生火花的地方，应设置保护措施。仓库内的电器，应由持有电工证书的电工进行安装、检查和维修。电工必须严格按照有关的电器操作规范进行工作。

根据防雷设计规范，要在仓库内安装防雷设备，并定期进行检查测试，确保其正常工作。

（5）加强物流企业仓库明火的管理

在库区内，要有明显的禁止火灾的标识。进入 A、B 类物品仓库的人员，应进行登记，上交打火机等易燃易爆物品。

禁止在仓库中使用明火。在仓库以外使用明火，应取得动火证，并得到消防主管的同意，实施安全措施。动火证的内容包括动火点、动火期、动火人、动火者、动火区的监护人、批准人和消防措施。如果在仓库中使用火炉取暖，必须得到消防负责人的批准。消防负责人在审批火炉使用的地点时，应根据仓库所存放的物品类别，依照有关的消防安全管理制度进行审批。

（6）配备完善的消防设施和设备，并定期检查

仓库的消防设施、设备必须符合相关消防技术标准。防火设备必须放置在方便使用的地方，周围不得堆放任何东西。仓库内的消防设施、设备，要有专门的人员进行检查、维修、更换、添置，确保其安全、高效，严禁圈占、埋压。消防设施如消防水池、消火栓、灭火器等，应定期进行检查，保证其完好有效。

第四章

严格管控危险品，构筑生命防火墙

易燃易爆、有毒有害等危险品常常由于保管不善或误操作等原因，导致火灾或爆炸，这些危险品不仅燃烧速度快、爆炸威力强，其产生的毒气也会对人们的生命和周边的环境造成严重威胁。企业要结合易燃易爆危险品生产、储存、运输、销售、使用等环节的特点，采取相应的火灾防范措施，在事故突发时采取正确、科学的处置方法。

1. 严管危险品，拧紧“保险栓”

危险品是指易燃易爆物品、危险化学品、放射性物品等危及人身安全和财产安全的物品。危险品火灾和爆炸突发事件通常是由操作不当、设备故障、交通意外等多种因素造成的，往往会让人措手不及，从而造成巨大灾难。有些危险品会对生态环境造成很大的损害，其中的有毒有害物质不但会对人造成灼伤、感染、中毒等伤害，还会污染大气、土壤、水体、建筑物等，许多危险品事故发生后，难以彻底清除现场，残留物质长期危害受污染区域的生态环境。

危险品火灾和爆炸事故发生后，由于救援现场环境复杂，存在高温、有毒气体等多种危险，能见度低、空间狭窄，使勘察、救人、灭火、堵漏、清洗等工作更加困难。因此，对危险品火灾和爆炸要引起足够的重视，加强预防措施，避免造成不良后果。

防范危险品火灾和爆炸是一项非常复杂又精细的工作，必须确保每个环节的危险因素都不能遗漏，即使是最微小的危险也要避免。

（1）严格管理明火

①在有易燃易爆物料的场所，应尽可能地避免用火作业。

②对输送、贮存易燃易爆物料的设备和管道进行检修时，要对相关系统进行彻底清理，如用惰性气体进行吹扫，经气体分析合格后方可用火。

③检修的系统与其他设备管道相通时，要拆卸相连接的管道，或在管道上加装盲板进行隔离，加盲板的位置要有标识并登记，以防易燃易爆物料进入检修系统或由于遗忘、疏忽而发生意外。

④电焊把线破裂后，要及时进行更换，电焊地线不得与生产设备相连接，以防线路接触不良时产生电火花。

⑤在易燃、易爆的地方使用喷灯时，应遵守用火制度。

⑥要定期检查熬炼设备，以防烟道窜火或熬锅烧锅破漏。在生产区进行熬炼时，要正确选择熬炼地点，并由安全管理部门进行鉴定。

⑦机动车辆如汽车、拖拉机、柴油机等，严禁进入易燃易爆物品区域。如有需要，应安装火星熄灭器。

（2）防止摩擦和碰撞

①机器中轴承等转动部分的摩擦、铁器的相互撞击或铁制工具敲击混凝土地面等都会产生火星。所以，轴承必须保持润滑，并且要定期清理其周边油垢。

②禁止在易燃易爆区域内穿带钉子的鞋。

③严禁随意抛掷物品或撞击金属设备及管道。

（3）控制电气火花

①电气的电压、电流、温升等参数不得超过允许值。

②做好电气设备、电线的绝缘。

③在安装接头时，尤其是铜、铝接头要紧密地接触，保持良好的导电性能。

④电气设备要保持干净，防止电气绝缘性能下降。

（4）防止产生静电

①管道和设备应尽可能平滑、清洁、无棱角。尽可能地使用具有良好防静电性能的新材料、新工艺、新设备。

②穿戴防静电防护服，巡检时不准携带与工作无关的金属物品；配备静电释放的接地把手或扶手，通过触摸的方法去除人体内的静电；戴导电或不会产生静电的手套，以减轻静电的危害。

③使用抗静电添加剂、可靠接地避免静电积聚、采用导电地面、规定静电静置时间、装设缓和器、增加空气湿度、安装静电消除器等方式加快静电的消散。

某危险品库区占地约6万平方米，总共有10栋仓库。其中一栋仓库存有超过百吨的双氧水及染料。其他仓库则存放例如二甲苯、硫化钠、高锰酸钾、甲苯、乙酯、过硫酸钠、硝酸铵、碳酸钡、漂白粉以及火柴、打火机等几十种危险品。

这个危险品库区北面还有几十栋仓库，主要存放食品干货，东面100米处的露天堆场堆有1000多立方米的柚木，西面有装载液化石油气的罐车，西南面是液化石油气储罐区。

某天下午，这个危险品库区的4号仓库内混存的氧化剂与还原剂接触，反应生热引发火灾。4号仓库当时突然冒出浓烟，仓库的工作人员发现后，使用灭火器灭火，但由于火势过大，灭火失败，一名工作人员赶紧拨打火警电话。

在消防队还未到达火场的时候，4号仓库发生第一次爆炸，紧接着烧成了一片火海，邻近的数栋仓库被点燃，仓库燃烧的辐射热特别强烈，附近的树木都被辐射热点燃。

4号仓库第一次爆炸之后，又接连发生了几次小爆炸。没过多久，邻近的6号仓库又发生爆炸，炸出了20米的深坑，强烈的冲击波将几公里内的玻璃都震碎了。火场冒出的烟含有毒气，现场救火人员接连晕倒，扑救难度越来越大。

消防队赶到后，调动到场参加扑救工作的多种力量，组织用水枪保护火势周围的双氧水罐，开启所有水喷淋设备冷却液化石油气罐。但是由于消火栓水压太小，无法满足需要，消防车只好从远处运水灭火。火场后续又连续爆炸几次，形势严峻，毒气漫天，数千名灭火人员采取了多种措施才将大火扑灭。

这场火灾造成873人受伤，15人死亡，直接经济损失上亿元。

这起火灾事故从多方面给我们敲响了警钟。经过调查发现，这个仓库区存在诸多缺陷。第一，违规将丙型仓库改造成了危险品储藏室。第二，库区防火间距、库区与周围建（构）筑物之间的防火间距不符合防火规范。消防设备也没做到定期维护，消防水池里水很少，消火栓水压太小，贻误了灭火时机。第三，这个仓库区的管理员和搬运工人只依据仓库的面积来确定物品的存储位置和储存方式，临时、随意堆放的情况时有发生，混存的情况屡见不鲜。第四，这个仓库区的搬运工人和一些保安员属于临时员工，在入职之前没有接受过专业培训，知识水平低，对危险化学品的特性不了解，遇到火灾不懂得有效地进行灭火。第五，仓库管理人员没有制定火灾紧急预案。消防队到达后，没有一个人能够及时向消防队提供现场的可靠信息和资料，造成了严重的火灾事故后果。

前车之履，后车之鉴。由于危险品发生火灾事故的危害重大，国家对其进行了严格的管理，并在其生产、贮存、运输等方面制定了相应的安全标准。在具体的生产工作中，所有企业员工必须严格按照安全规范进行作业，避免侥幸心理，防止出现意外事故。

2. 危险品运输，安全第一

凡具有腐蚀性、自燃性、易燃性、毒害性、爆炸性等特性，在运输、装卸、储存和保管时，必须进行特殊保护的物品，都属于危险品。由于危险品的物理和化学性质特殊，如果在运输过程中保护不到位，很容易导致严重的火灾和爆炸事故。

某石油航运公司的 5 艘汽油货轮向油库里进行油驳作业。

由于意外，在油驳作业的过程中，大量汽油泄漏到了江中，而现场的工作人员并没有发现。另外一艘货轮的船员吸烟后，顺手将烟头扔入江中。烟头一接触江面，便燃烧起大火。火势顺着汽油源头的方向蔓延，烧到另外2艘货轮油驳尾部，并蔓延到另一艘货轮甲板。这5艘货轮本来是用绳索连在一起，大火烧断了绳索，起火的货轮顺江水向下漂流，触碰并引燃了其他货轮。消防队出动20多辆消防车、200多名消防员进行火灾救援，在保护油罐区的同时，将各个货轮的火扑灭。这场火灾总共烧毁船舶13艘，致使3人死亡，10人受伤。

鉴于危险品运输的危险性，国家对申请危险品运输经营的企业制定了严格的审批流程。

申请从事道路危险货物运输经营的企业，应当在依法向工商行政管理机关办理有关登记手续后，向所在地设区的市级道路运输管理机构提出申请，并提交以下材料。

（一）《道路危险货物运输经营申请表》，包括申请人基本信息、申请运输的危险货物范围（类别、项别或品名，如果为剧毒化学品应当标注“剧毒”）等内容。

（二）拟担任企业法定代表人的投资人或者负责人的身份证明及其复印件，经办人身份证明及其复印件和书面委托书。

（三）企业章程文本。

（四）证明专用车辆、设备情况的材料，包括如下内容。

1. 未购置专用车辆、设备的，应当提交拟投入专用车辆、设备承诺书。承诺书内容应当包括车辆数量、类型、技术等级、总质量、核定载质量、车轴数以及车辆外廓尺寸；通信工具和卫星定位装置配备情况；罐式专用车辆的罐体容积；罐式专用车辆罐体载货后的总质量与车辆核定载质量相匹配情况；运输剧毒化学品、爆炸品、易制爆危险化学品的专用车辆核定载质量等有关情况。承诺期限不得超过1年。

2. 已购置专用车辆、设备的，应当提供车辆行驶证、车辆技术等级评定结论；通信工具和卫星定位装置配备情况；罐式专用车辆的罐体检测合格证或者检测报告及复印件等有关材料。

（五）拟聘用专职安全管理人员、驾驶人员、装卸管理人员、押运人员的，应当提交拟聘用承诺书，承诺期限不得超过1年；已聘用的应当提交从业资格证及其复印件以及驾驶证及其复印件。

（六）停车场地的土地使用证、租借合同、场地平面图等材料。

（七）相关安全防护、环境保护、消防设施设备的配备情况清单。

（八）有关安全生产管理制度文本。

某天，一名危险品运输司机开着加长货车在公路上行驶，因为赶时间，路上过往的车辆也少，司机便加快了行驶速度。突然在一个急转弯处，由于来不及减速，方向和制动失去控制，货车撞到路边的大树上，货车后面装载的大油罐由于惯性被甩落到路边的稻田里导致破裂。这个罐内装着大概7.5吨汽油，汽油顺着油罐破裂的地方流散到稻田里。流散的汽油蒸气遇明火，发生爆燃，瞬间水田都燃烧起来。这场火灾造成60余人烧伤，4人死亡。

经调查发现，造成这场火灾的原因一方面是司机潘某未经学习培训，没有掌握关于危险品运输的必要知识，属于违章驾驶危险品车辆；另一方面该危险品货车也不具备危险货物运输条件，油罐与车厢的固定不符合安全要求，以致发生事故后油罐固定不牢被甩落。

危险品运输单位为了最大程度地保证安全，需要按照国家相关规定，根据企业的实际情况制定更为细致的管理条款。可参考如下内容。

（1）在运输之前，要根据危险货物的性质、运输距离和沿途交通情况，采取安全的方法进行货物包装。包装必须牢固、严密，并包装上有清晰、规范和易于辨认的标识。

（2）在危险物品装卸现场，道路、灯光、标志、消防设施等应满足安全装卸的要求。装卸危险物品时，车辆必须在室外停放，装卸人员要做好个人防护，穿戴必要的防护用具。严格按照作业规范作业，轻装轻卸，严禁摔、撞、翻、压，对湿货物要用油布覆盖，货物要堆放整齐，并要牢固地捆好。不可将不同性质的危险物品放在同一辆车上，如雷管、炸药等不可同装一车。

（3）运输危险品时，应选择安全的运输工具，不得使用全挂汽车、列车、三轮汽车、摩托车、人力三轮车和自行车运输；严禁使用拖拉机运输爆炸物、一级氧化剂、有机过氧化物、一级易燃物品。除了二级的固定危险物品以外，其他的危险物品都不能用自卸汽车装运。

（4）在装卸过程中要使用不会产生火花的器具；司机在车内禁止吸烟；运输车辆不要靠近明火、高温场所和阳光暴晒的地方；装载原油的油罐车在停驶、装卸时应设置地线，在运行时应将地线与地面接触，防止因静电引起火灾。

（5）危险品运输车在行驶时，要严格遵守交通法规、消防法规、治安法规，严格控制车辆行驶速度，与前方车辆保持一定的距离，如有意外状况，及时放慢车速，避免急踩刹车，禁止违规超车，以保证行车安全。

（6）对散装危险物品在运输中发生泄漏的情况，要按照其特性，采取适当的措施处理。爆炸品散落时，要立即转移到安全地带，用水浸湿，由当地消防部门进行进一步处理。

（7）存放危险物品的车辆不得停放在学校、机关、市场、名胜古迹、风景游览区附近，如果有必要在以上区域内进行装卸和临时停车，应当事先经过当地公安机关批准。停车时要有专人看管，以保证车辆的安全。

（8）危险物品卸车后，要将车内残留物清理干净，对沾染危险品的车辆和工具进行清洗消毒。在没有完全清除的情况下，禁止运输食用物品、药用物品、饲料等。

3. 危险品燃烧，理智扑救

大多数危险品燃烧时会产生有毒物质，另外，某些在罐内存装的易燃气体或液体在外部环境的作用下，其体积会急剧膨胀，很容易发生爆炸。还有些易燃气体是经过高压压缩的，燃烧值高，着火之后难以进行扑救，即使暂时熄灭了，高温的金属喷嘴也会再次将其点燃。因此，在遇到危险品燃烧时，一定要采取科学、理智的扑救方法。

某化工原料仓库是一栋由红砖、石棉瓦、钢屋架搭建的简易结构建筑，库内北墙分设 10 个墩位，没有窗户，南墙有 5 个铁栏门。东面和北面没有相邻建筑，南面是生产厂房，西面是化工成品仓库。仓库储放化工原料近百种，大部分属于易燃易爆的有毒危险化学物品，并且这些化学物品是混存状态，相互之间没有防火分隔。

某天，公司一名司机把货车停到仓库门口，准备卸货时，不慎将一桶氯丙烯原料碰倒，一些原料流散在地上，氯丙烯能够与空气中的氧气发生剧烈反应，并放出大量的热能，从而导致剧烈燃烧。仓库保管员发现后仅用拖把擦了几下，就下班回家了。到了晚上，值班人员路过时，看到仓库发出火光，于是边跑边喊其他人员来救火。工人们闻讯赶来，一边报警，一边准备用灭火器灭火，但当他们破开仓库门进入仓库时，发现仓库内的火势已经很大，而且气味特别刺鼻，无法进行扑救。

消防支队接到报警通知，调集了十多辆消防车、近百名消防人员前往扑救。等赶到火场时，火势已进入猛烈燃烧阶段，并伴有爆炸声，火焰冲出屋顶数十米高。消防人员使用高喷车、重型泡沫车、大流量拖车炮、灭火机器人等灭火装备，经过近两个小时的奋力扑救，终于将大火扑灭。

不同的危险品有不同的特性，如果发生火灾，应根据其特性采取不同的扑救方法。

（1）易燃固体

易燃固体是在常温下以固态形式存在，燃点较低，遇火或受热、撞击、摩擦及接触氧化剂能引起燃烧的物质，例如赤磷、硫黄、松香、樟脑、镁粉等。其中燃点越低、分散程度越大的易燃固体危险性越大，尤其是粉状的易燃固体如果与空气中的氧混合达到一定比例之后，遇明火就会产生爆炸。易燃固体燃烧比较迅猛，扑救相对困难，因此易燃固体存放要注意适量，一个库房存量不要过多，与相邻库房要有一定安全距离，特别是存放酸性物质的库房不允许混存易燃固体，如果发生火灾时，可用雾状水、沙土、二氧化碳或干粉灭火剂灭火。

（2）易燃液体

常温下以液态存在，易于挥发和燃烧的物质叫易燃液体。易燃液体品种繁多，例如有机溶剂、添料、黏合剂、燃油等。易燃液体一般比重小、沸点低，易挥发、易流动扩散。易燃液体挥发的蒸气与空气中氧气混合达到一定比例遇明火就会产生爆炸。易燃液体的火灾发展迅猛，常会伴随发生爆炸，难以进行扑救。扑救易燃液体火灾要注意以下事项：对比重小于水又不溶于水的烃基化合物如燃油、醚类、苯和苯系物的火灾可用干粉灭火，火势初起可用二氧化碳扑救，但不可用水，否则会扩大火势；对不溶于水比重又大于水的，如二硫化碳等可用水扑救，因水能覆盖在这类物质上将火熄灭；能溶于水的易燃物如甲醇、丙酮等发生火灾时可用雾状水、化学泡沫、干粉扑救。

（3）自燃物品

凡本身由于物理、化学、生物学变化放热达到自身燃点引起自燃而不须外界明火引燃的物品称为自燃物品。自燃物品化学性质活泼，燃点低，易氧化，氧化分解时能放出大量的热，当温度达到自身燃点时开始自燃。如白磷的燃点为 34 摄氏度，在空气中极易自燃，硝化纤维素的燃点为 120 摄氏度~160 摄氏度，在存放较久、通风不畅、大量堆放的条件下也可能发生自燃。自燃物品起火时要注意三乙基铝不能用水扑救，其他大多数均可用大量水扑救，也可用沙土、二氧化碳及干粉灭火剂扑救。

（4）压缩气体和液化气体

在生产中往往把需要的气体加压贮于气瓶。有些气体加压时还把温度降至很低使气体液化，称为液化气。所有的压缩和液化气体必须装在特制的耐压气瓶中。一般气瓶的工作压力相对较高，一旦发生火灾后气体受热膨胀压力增加，若气体压力超过气瓶承受压力时就有爆炸的可能。如果气瓶爆炸，后果非常严重。压缩气体和液化气体发生火灾时应迅速采取扑救行动，同时将未着火的气瓶转移到安全地带。无法移动时可用雾状水喷洒气瓶使其降温，防止气体因升温体积膨胀而爆炸，同时用二氧化碳等灭火。消防人员在扑救这类火灾时还要注意防毒，因许多高压气瓶内气体有毒。

除了需要根据不同危险品的特性来处理火灾，还要根据火灾现场的具体情况，做好防护和逃离的准备。

（1）保护呼吸系统。一旦发现有气体泄漏，应马上用湿手帕、毛巾等捂住口鼻，并在第一时间戴好防毒面具。

（2）快速关闭火灾部位的上下游阀门，并停止所有的物料进入现场。

（3）对周边设备进行降温防护；快速撤离有危险的地方；有些火灾会导致易燃性液体流出，可使用沙包等材料筑堤坝，阻止液体的流动，或开挖沟渠将物料引至安全位置；用毛毡、海草帘等覆盖在井口等

地方，以避免火势扩散。

（4）在消防工作中，要根据不同种类的化学物质，选用合适的灭火剂和方法，进行火灾的扑救。危险品的灭火必须是专业的消防人员，其他人员不得擅自行动，可在专业的消防人员到场后，协助灭火。

（5）如果发现有毒气泄漏，且没有防护装备，要快速逃离到安全区域。在逃离过程中，要注意从逆风的方向快速离开火场，避免被毒气所伤。

（6）火灾之后，如果在现场发现废弃的危险物品，不要近距离接触，应马上打电话报警，报告危险物品所在的具体地点、包装上的信息、大致数量、气味等。

（7）如果有人中毒，需要立即将其送至通风处，脱掉被污染的衣物，用大量的清水、肥皂水冲洗，并做好保暖工作；对眼睛被污染的人，用清水冲洗至少 10 分钟；中毒昏迷的人，应保证其呼吸畅通，如呼吸暂停，立即进行心肺复苏，尽快送至医院。应注意的一点是，对因硫化氢中毒而窒息的病人，应避免采用口对口人工呼吸的方式抢救。

4. 爆炸品着火，快速撤离

爆炸品指在外界作用下（如受热、摩擦、撞击等）能发生剧烈的化学反应，瞬间产生大量的气体和热量，使周围的压力急剧上升，发生爆炸，对周围环境、设备、人员造成破坏或伤害的物品。

某煤矿曾发生一起特大瓦斯爆炸事故。当天，在井下作业的有 36 人，除了 2 人距离井口较近成功脱险，其余 34 人全部遇难。相关部门对事故原因做了详细调查。调查结果让人既震惊又意外，这场事故本来已经有了预警，完全可以避免事故的发生，但当时没有引起技术负责人足够的重视，因而导致了惨剧的发生。

在事故发生之前的70分钟里，煤矿上的安全监测系统曾多次发出瓦斯浓度超标警报，最严重的一次警报显示，瓦斯浓度已经达到了1.72%，而且系统持续报警时间长达5分钟。对于瓦斯浓度超标的安全问题有相关的规定，煤矿井下的瓦斯浓度必须在1%以下才能实施正常作业，如果超过1%，必须立刻停电，全员及时撤离井下，什么时候瓦斯浓度降至1%以下才能恢复作业。

事故当天，值班调度员在安全监测系统上看到瓦斯浓度超标的警报，意识到有危险，立刻打电话给当时在井下的技术负责人，而这名负责人只是回复一句“我知道了”，没有把瓦斯爆炸的危险性放在心上，没有采取任何防范措施，也没有通知井下工人赶紧撤出，最终酿成了惨剧。

爆炸品危险性极大，在爆炸品着火时，我们需要采取以下措施做好防护。

①尽快撤离到安全区域。化学爆炸品如果着火，在这种情况下，应先保护好自己并立刻逃离危险区域。如果在高楼里，浓烟和毒气都会顺着楼梯往上扩散，所以在逃离时，要尽可能地压低身体，尽可能地接近窗户和通风的地方，以半蹲的姿态或匍匐的方式离开现场。

②在撤离过程中，正确的方向是爆炸品着火的上风向。并且应注意保护呼吸道，避免吸入爆炸品燃烧或爆炸产生的烟雾和气体。不要大声呼喊，以免吸入高温的空气，使气管受伤，可以把毛巾或抹布沾湿后盖住口鼻。

③危险化学品发生爆炸时，如遇强光，在爆炸产生的冲击波未至

时，应立即屏住呼吸，以免将热和有毒气体吸入身体。

④若靠近着火现场，尽量找一个牢固的掩体躲避，远离窗户。

⑤在可能的情况下，让自己的身体和头发保持湿润，这样才不会被爆炸品爆炸冲击波灼伤，也不会让自己的头发着火。在逃离的时候，注意要用湿毛巾捂住嘴和鼻子。

⑥如果身体着火，应在地上翻滚，避免用双手拍打。

⑦如果有烫伤，用清水清洗完毕之后，用干净、干燥的毛巾或布条将创面轻轻地包起来。要在最短时间内找到能处理烫伤的药品。需要注意的是，在紧急处理烫伤时，绝不能使用酱油、牙膏、红汞、紫药水等涂抹。

5. 易燃品着火，及时扑救

易燃品着火，具有突发性强、不易控制、破坏力强、污染环境等特点，严重危及人们生命财产安全，容易造成严重财产损失。日常生产中，我们应该对易燃品严格看护，防止火灾风险、消除火灾隐患。同时，要学习易燃品消防安全知识，提升风险防范意识，杜绝事故发生。

某亚麻公司占地面积超过70万平方米，有3个分场。其中南场储麻区储存亚麻原茎18垛，重量超过两万吨。一天中午，公司里的一名职工路过南场储麻区的时候发现3号和4号垛起火。由于亚麻原茎属于易燃品，火势快速蔓延，这名职工立即去喊人并报警，公司自有的消防队立刻集结起来前往扑救。公司所在县城的消防大队出动2辆消防车、21名消防人员，又调动了邻县市20多辆消防车、近百名消防人员增援火灾现场。经过消防人员以及公司职工、附近群众的奋力扑救，当天下午终于将大火扑灭。

易燃品着火一般有三种，分别是：易燃气体着火、易燃液体着火、易燃固体着火。如果发现易燃品着火，在确定易燃品特性后，应立刻使用正确的扑救方法，把火灾扑灭在萌芽阶段。

（1）易燃气体着火

易燃气体火灾消防措施如下。

①在易燃气体着火时，应先扑灭泄漏点周围易燃物品的火焰，以有效地控制危险区域，为进一步扑救泄漏处做好准备。

②气体泄漏着火后，不要随意关掉阀门，也不要随意关掉气体输送装置，以免发生回火造成爆炸。首先要关闭小阀门、控制阀门的流量、减小漏气压力，然后再进行灭火，并预先做好堵漏准备，在火焰熄灭后及时进行堵漏。

③若发现泄漏口漏气不严重，可以在较短的时间内迅速封闭，可用水、干粉、卤代烷、蒸汽、氮气、二氧化碳等灭火，并迅速组织人员进行堵漏，并用雾状水稀释、驱散泄漏气体。

④若泄漏口有很大的裂隙，很难堵漏，应采取冷却着火容器及周围容器的办法，使其稳定地燃烧，避免发生爆炸，直到完全熄灭。

⑤当易燃气体容器、气瓶或装置存在爆炸危险时，应利用地形、建筑物等作为掩护，并将容器置于其中，防止发生爆炸伤害，一旦有爆炸预兆发生，应立即疏散人员。

（2）易燃液体着火

易燃液体着火的消防措施如下。

①对储罐进行适时的降温。在易燃液体储罐着火时，先启动固定水喷射系统，对燃料箱及邻近的罐体进行降温。在没有熄灭前，要不断地进行降温，以避免容器受热损坏。

②把火力集中在救火上。根据不同的易燃液体，使用适当的灭火剂，通常使用干粉、泡沫等。准备充足的灭火剂，并在熄灭后继续喷洒，避免再次燃烧。

③溢出液体燃烧，对罐体的安全及消防作业会造成严重的威胁，所以优先对溢出液体燃烧进行灭火。

易燃液体火灾灭火时应注意的问题如下。

①及时堵漏。易燃液体泄漏时，要采取关阀、倒罐、塞孔、捆扎等措施，以减少或阻止易燃液体的泄漏。

②抑制扩散。易燃液体泄漏，随着流动区域的增大，其燃烧范围也会增大，所以要及时采取措施抑制液体往外扩散。

③快速灭火。由于易燃液体是边流动边燃烧，灭火较为困难。可集中使用大量干粉、泡沫等灭火，在火灾初期迅速扑灭是降低后期损失的关键。

④防止空气燃爆。当易燃液体的火焰被扑灭后，液体中的蒸气会迅速蒸发，与周围的空气形成爆炸性的混合物，一旦遇到火源又会发生燃烧。在火灾发生后，应采取泡沫覆盖、导流回收等措施降低液体的挥发，并严格控制现场的各类火源。

（3）易燃固体火灾

易燃固体火灾的消防措施如下。

①在火灾初期时及时扑灭。大部分易燃固体可以用水灭火，在使用干粉和其他灭火器时要注意防止复燃。

②采取疏散、隔离的方法，对火灾进行有效的控制。疏散就是将可搬运的易燃固体从火灾现场转移到安全地点。隔离是指对于不易搬运且受到火灾威胁的易燃易爆物品，采用水幕等方式将其与燃烧隔离，减少危害。

③防止发生爆炸。大部分易燃固体怕猛烈的撞击、碰撞、摩擦，所以在灭火过程中，应尽量避免用强水流直冲易燃固体。在扑灭金属粉末着火的过程中，更应避免直接强力冲击，以免粉尘飞扬发生爆炸。

6. 氧化剂着火，保护眼睛

生产过程中，常常会用到有机氧化剂、一般氧化剂，这些都属于危险品。有机氧化剂，最常见的是有机过氧化物，这是高分子自由基聚合的引发剂和漂白剂。在低温下，过氧基团很容易断裂，形成两种氧自由基，当剧烈地振动或者摩擦时，就会导致燃烧和爆炸。例如常见的过氧化二苯、过氧化二异丙苯，在 35 摄氏度时，二苯甲酰会慢慢地分解，释放出热量。所以，有机过氧化物是易燃易爆的危险物品，一旦周围温度超过 35 摄氏度或遭到剧烈的振动就会爆炸或燃烧。一般氧化剂，比如氯化钾、硝酸钾，遇到有机物质或者易燃物质时，也会发生强烈的化学反应，从而产生热量，引发爆炸。

氧化剂着火通常发生在贮藏与运输的环节，所以这两个环节要特别引起重视，必须以安全为首要目标，并采取相应的安全措施避免发生危险。

（1）不能与其他性质相抵触的物质一起存放，但不可燃气体除外；应将各种氧化剂分开堆放，不得掺入有机易燃物质。库房和搬运车都要进行彻底的清洁，以防止杂物混入。

（2）包装必须完好，严格密封，以免泄漏。如果包装损坏，要及时处理，泄漏的部位要彻底清理干净。

（3）库房内不能有漏水，应避免酸雾等进入，也不能与酸性物质混合。库房要保持阴凉、通风，避免受阳光暴晒。

（4）在储存和运输时，应避免摩擦和碰撞。

（5）氧化剂不能与酸类、有机物、还原剂一起运输。

某化学有限公司新建一个大型项目，建成后将年产2万吨新材料。某天，二胺车间混二硝基苯装置在投料试车过程中发生意外，造成重大爆炸和火灾事故，导致10余人死亡，20多人受伤，直接经济损失超过4000万元。

经过调查发现事故的原因是当时车间的负责人违规指挥，安排作业工人向地面排放硝化再分离器内含有混二硝基苯的物料。混二硝基苯在硫酸、硝酸以及硝酸分解出的二氧化氮等强氧化剂存在的条件下，自车间高处排向一楼车间的地面，在冲击力的作用下瞬间燃烧。火焰的温度很高，炙烤附近的硝化机、预洗机等设备，使其中含有二硝基苯的物料温度升高，从而引发爆炸。

氧化剂是高氧化状态下的物质，氧化能力很强，可以分解和释放氧气和热。其特征在于自身不一定是易燃的，但是可以引起易燃物的燃烧，和松软的可燃物可以形成一种易燃的混合物，对热、振动或摩擦更敏感。同时，它具有较高的氧化价态、较强的活性和极强的氧化能力。以下是氧化剂泄漏着火的应急处理方法。

①过氧化环己酮、叔丁基过氧化氢、过氧化二乙酰等对人体的损害是很大的，直接接触到眼睛，也会对眼部产生很大的损害。所以，要尽量保护好眼睛，远离火场，在有保护措施的地方用大量的水灭火。

②在运送时，如果氧化剂泄漏，必须仔细地收集，或者用惰性物质作吸收剂吸收，然后将其挪到远处安全地带并用大量的清水冲洗。

对于已收集到的遗漏氧化剂，应根据其特征采取安全、可行的方法处置或将其埋于土中。

③当氧化剂着火或被火焰吞噬时，由于高温释放氧气，火势就会变得更大，即使在惰性气体中，火焰也能自行燃烧；不管是封闭货舱、集装箱、仓库，还是用蒸汽、二氧化碳和其他惰性气体来扑救，都不能有效灭火；若用少量水扑灭，则会使物品中的过氧化物产生强烈的反应。

所以，在控制氧化剂火灾时，应该采用大量的水淹没的方式，以达到理想的效果。

有机过氧化物起火或被火焰吞噬，会引起爆炸。因此，应该将装有过氧化物的包件尽快转移出火灾现场。凡接触过火焰或接触过热的有机过氧化物，即使火焰已经熄灭，也要在包件完全冷却前使用大量的水来冷却，此期间不要接近这些包件。

7. 毒害品着火，穿好防化服

毒害品是指进入人体后累积达到一定的量，能与体液组织发生生物化学作用或生物物理学变化，扰乱或破坏肌体的正常生理功能，引起暂时性或持久性的病理状态，甚至危及生命安全的物料。大部分有机有毒品都具有易燃性。某些有毒品遇高热、撞击等可引起爆炸，并放出有毒气体，如溴乙烷、三氟丙酮、丙酮氰醇等均有易燃性质。二硝基萘酚遇明火能燃烧，受撞击、摩擦、振动有燃烧爆炸危险，遇高温剧烈分解会引起爆炸。某些无机有毒品自身不燃，但遇湿能放出易燃的有毒气体，如氰化钾、氰化钠、氰化钙等，遇水或受潮、接触酸或酸雾都能放出剧毒、易燃的氰化氢气体；硒化镉受热、遇酸或酸雾产生有毒、易燃的硒化氢气体。也有某些无机有毒品自身不燃，但具有氧化性，当与可燃物接触后，易引起着火或爆炸事故，产生毒性气体可导致中毒事故。如硝酸亚汞具有强氧化性，与硫、磷等易燃物、有机物、还原剂混合，经摩擦、撞击有燃烧爆炸危险。

毒害品对人体都有一定的危害，主要经口或鼻吸入，或通过皮肤接触而引起人体中毒。毒害品如果发生火灾或爆炸事故，其扑救方法有很

大差异，若处置不当，不仅不能有效扑救，还会由于毒害品本身及其燃烧产物大多具有较强的毒害性和腐蚀性，造成人员的中毒、灼伤等情况。因此，扑救毒害品火灾首先要注意自身的安全防护。灭火人员必须穿防护服，佩戴防护面具。应尽量使用隔绝式氧气或防毒面具。

（1）毒害品着火的扑救和逃生遵循以下原则

①一般情况下，如果是液体毒害品物料着火，可根据液体的性质（有无水溶性和相对密度的大小）选用抗溶性泡沫或机械泡沫及化学泡沫灭火；如果是固体毒害品物料着火，可用水或雾状水扑救，或用沙土、干粉、石粉等施救。

②无机毒害品物料中的氰、磷、砷或硒的化合物遇酸或水后能产生极毒的易燃气体氰化氢、磷化氢、砷化氢、硒化氢等，因此着火时，不可使用酸、碱灭火剂和二氧化碳灭火剂，也不宜用水施救，可用干粉、石粉、沙土等施救。

③使用水对氰化物灭火时，灭火人员要防止接触含有氰化物的水。特别是皮肤的破伤处不得接触，并要防止含有氧化物的水流入河道，污染环境。

（2）放射性物品着火紧急处置方法

放射性物品是指含有放射性核素，并且其活度和比活度均高于国家规定的豁免值的物品。

①当放射性物品发生着火、爆炸或其他事故可能危及仓库、车间以及销售地点放射性物品的安全时，应迅速将放射性物品转移到远离危险源和人员的安全地点存放，并适当划出安全区迅速将火扑灭。

②当放射性物品的内容器受到破坏，使放射性物质可能扩散到外面，或剂量率较大的放射性物品的外容器受到严重破坏时，必须立即通知当地公安部门和卫生、科学技术管理部门协助处理，并应在事故地点采取划分安全区、悬挂警告牌、设置警戒线等措施。

③在划定安全区的同时，对放射性物品应用适当的材料进行屏蔽；对粉末状物品，应迅速将其盖好，防止影响范围再扩大。

④灭火人员应穿戴防护装备（可防辐射的手套、靴子、连体工作服、安全帽等）、自给式呼吸器。如果火势较小，可使用硅藻土等惰性材料进行吸收。

⑤如果火势较大，应当在尽可能远的地方用尽可能多的水带，并站在上风头喷射雾状水。邻近的容器要保持冷却到火灾扑灭之后，这样有助于防止辐射和屏蔽材料（如铅）的熔化，但应注意不要使消防用水流失过大，以免造成大面积污染。

⑥为防止火灾扑灭后物质复燃，应以安全的方式将残余物清除。

⑦放射性物品沾染人体时，应迅速用肥皂水洗涮至少 3 次；灭火结束时要彻底地淋浴冲洗，使用过的防护用品要在防疫部门的监督下进行清洗。

(3) 腐蚀品着火紧急处置方法

腐蚀品是指能灼伤人体组织并对金属等物品造成损坏的物质。

腐蚀品物料着火，一般可用雾状水或干沙、泡沫、干粉等扑救，不宜用高压水，以防酸液四溅，伤害扑救人员。

硫酸、卤化物、强碱等，遇水发热、分解或遇水产生酸性烟雾的腐蚀品，不能用水施救，可用干沙、泡沫、干粉扑救。灭火人员要注意防腐蚀、防毒气，戴防毒口罩、防腐手套、防护眼镜或隔绝式防护面具，穿橡胶雨衣和长筒胶鞋等。灭火时人员应站在上风口，发现有人中毒，应立即将其送往医院抢救，并说明中毒物品的品名，以便医生对症救治。

第五章

居安思危，夯实家庭安全堡垒

随着人们消费观念的提升，家庭装修的档次越来越高，家用电器的种类也越来越多，再加上取暖、吸烟等行为，导致家庭发生火灾的因素随之增多。每个家庭都应做好消防安全措施，这对于保护生命财产免受火灾危害、创造安全的生活环境至关重要。

1. 从装修开始，做好火灾预防

随着人们生活水平的不断提高，家居装饰越来越流行，然而，人们对装饰材料存在的火灾隐患缺乏了解，常常只顾着外观而忽略了防火因素，如果选择了不符合防火标准的装饰材料或物品，会给家里带来火灾隐患。

在选购装饰材料时，要选择具有高耐火等级的装饰材料。装饰材料分为难燃性、有燃性、可燃性、易燃性几种。如果大量地使用木质装饰材料，需要做相应防火处理，不要因为自己的疏忽而给家人带来安全隐患。为了有效地预防室内火灾的发生，以及一旦发生火灾能防止火势蔓延扩大，减少火灾损失，应选用不燃或耐燃的室内装饰材料。

在铺设电线和选择电器时也要注意防火要求，例如电线敷设要按照规范进行，一般采用穿管明敷或暗敷，电线的接线盒要进行封闭处理。电线不得穿越或穿入风管。照明灯具尽量不要选择碘钨灯、环形吸顶灯、高压汞灯等，这些灯会产生很高的温度，容易引发火灾。同时，照明灯具要与室内装饰材料保持一定距离，并且不能安装在可燃的构件上；若必须安装在可燃的构件上，应采取嵌垫非燃烧材料的方法进行处理。另外，照明灯具还应考虑通风隔热及散热等防火条件。

除了在装饰材料、电线和电器方面要重视，在装修过程中，我们还要注意以下几点。

（1）不能为了美观，将消火栓、火灾报警探头、喷头等消防设施遮挡，不能将疏散指示标志、应急照明、疏散门等拆除、遮挡。

（2）在装修期间，可燃性物料要单独储存。例如油漆等存放不当，一旦遇到明火很容易引起火灾。因此，施工期间，要保证工地内干净整洁，同时要禁止出现明火。

（3）对燃气管线谨慎改造。有的家庭在装饰施工时，为了方便、美观和实用而私自改造燃气管线，这是非常危险的行为，如果确实需要更换，必须按照相关规范。需要特别注意的是，燃气管线不可埋入墙壁，不能破坏管道和阀门的开关；拆掉燃气管线和燃气表时，一定要专业人士操作，防止发生燃气泄漏。

（4）尽量不要将室外阳台改造为厨房或卧室，因为室外阳台的承重力通常较低，若将室外阳台改造为厨房或卧室，就会增加阳台的受力，造成地板破裂和脱落，而且由于厨房设备本身具有一定的危险性，会增加火灾的风险。

（5）大部分家庭安装了防盗门，门窗和阳台也安装了防盗网，但如果突发火灾等意外情况，会造成消防和疏散困难，所以，在安装防盗网、防盗门时，在窗户围栏上要留逃生门，不要将通风气窗封死，不能为了装修美观减少门的宽度和疏散走廊的宽度。

家庭装修除了技术上要严格要求外，还应从设计之初加强管理，对于装饰图纸设计中存在的安全问题，应及时更正。在装修的过程中，要进行必要的监督检查，发现安全问题及时纠正。装修竣工后的验收环节，不仅要关注装修的美观度，更要关注消防安全问题，这样才能放心居住。

2. 正确使用电器，避免漏电火灾

随着生活水平的提高和科学技术的进步，家用电器的种类和功能越来越多，但是，通过以往的住宅火灾事故发现，由家用电器引发的火灾事故占很大的比例。家用电器造成火灾的原因很多，包括使用不当、保管不善、通风不良、受潮等引起短路、接触不良、变压器发热、电动机过热等，同时使用多种电器，造成线路、电度表负载过大，都会对我们的生命、财产安全构成威胁。

某小区一名居民苏某平时骑电动车上下班，晚上回来的时候就把电动车锁在楼下，然后取出电瓶放在家里客厅充电。有一天半夜，苏某和家里人都在熟睡中，突然被“砰”的一声爆炸声吓醒，苏某和家人赶紧起床来到客厅查看情况，只见客厅电瓶充电的地方火光四起，原来是电瓶爆炸了。苏某和家人见状马上跑到楼下并报了火警。

消防员回忆当时的灭火情况时说，由于小区的消防通道被私家车占用，他们为了抢时间，向小区里拉了 100 多米的水带。当时六层楼道布满了烟雾，进到屋里的时候，看到整个客厅都烧着了。消防员先是断掉电源，然后灭火、排烟。客厅已经面目全非，好在人逃得及时，没有造成人员伤亡。

家用电器引发火灾的风险跟我们的使用习惯、是否采用安全措施息息相关，如果我们采用正确的使用方法，会大大降低家用电器给我们带来的隐患。以下列举常见的 10 种家用电器的火灾防范措施。

（1）电视

①将电视置于通风和散热良好的地方；

②使用遥控器关掉电视机后应切断电源并拔掉插头；

③控制观看时间，不宜过长，防止电视内部零部件烧毁；

④在雷暴天气下，尽量减少收看电视，同时停止使用户外天线；

⑤电视机的安装要牢固，以免坠落时发生爆炸和着火。

（2）冰箱

①将冰箱放置于通风和散热良好的地方；

②不可将冰箱置于有易燃气体的地方，也不可在冰箱旁边放置易燃物品；

③对冰箱管道定期加强密封，防止冷却液泄漏，引起燃烧和爆炸；

④不可将易燃、易爆的物品如汽油、酒精、胶合剂等存放在冰箱内。

（3）空调

①空调设备必须有安全保护装置；

②空调的电表和导线要预留充足的余量，并安装合适的电源保险丝以防止电压超负荷；

③应对全密闭压缩机的密封接线座进行耐压和绝缘测试，避免因冷冻液外溢而起火；

④不可将可燃物堆于空调四周，窗帘不能搭在空调上；

⑤室外机必须具有防水功能，并定期进行检修。

（4）洗衣机

①不可将刚沾有汽油等易燃液体的衣物，立即放入洗衣机清洗，要先放在通风良好的室外进行晾晒，等衣物中的可燃性物质彻底蒸发后，再用洗衣机进行清洗；

②禁止一次放入太多的衣服。衣服太多会造成电机的负荷过大，甚至停止旋转，从而引起电线发热，引发火灾。

（5）吸尘器

①电源插座应有充足的容量，不能与其他功率较大的家电例如电熨斗、电暖器等同时使用，避免电线过负荷而发热；

②使用时间不宜过长，如果用手触摸吸尘器塑料外壳有明显的热感，应该停用，以免电机因为高温而烧毁；

③不能在潮湿的地方使用吸尘器，防止电动机因受潮而引起短路或着火；

④每次使用后，应立即清除滤袋上的灰尘，避免堵塞进气口和排气口，造成功率下降和电机过热而引发火灾；

⑤不要将烟头、壁炉灰尘等吸入吸尘器，也不要直接用吸尘器把烟灰缸、纸篚里的垃圾吸走，以防着火；

⑥禁止在危险、易燃的环境中使用真空吸尘器。

⑦每次吸尘器用完后，务必将电源电线从电源插口拔下。

(6) 电饭煲

①当使用电饭煲煮饭后，要及时关掉电饭煲电源；

②电加热的盘子和内锅的表面不得有米粒等杂物；

③在使用时，应避免内锅发生碰撞，如内锅有较大的变形，应及时替换；

④在使用过程中，内锅要放正，放下后前后旋转，确保与电加热盘紧密接触；

⑤切勿将内锅在燃气灶上使用；

⑥电饭煲的外壳、电热盘等应避免用清水冲洗。

(7) 电热水壶

①不要把电热水壶的插头与电源插口长期连接；

②电热水壶必须置于不可燃烧的底座上，且周围不能有其他易燃物；

③使用电热水壶完毕之后，确保关掉电源。

(8) 吹风机

①吹风机通电后，不得随意将其置于台凳、沙发、床垫等易燃物品上；

②在有易燃物品和燃火的地方禁止使用吹风机；

③使用完后，立刻拔掉吹风机的电源插头。

3. 不漏死角，排查厨房火灾隐患

厨房存在着诸多火灾隐患，例如易燃物未与炉灶保持安全距离、做完饭没及时关火、电器老化、燃气泄漏等，这些问题很容易造成火灾或者爆炸，严重威胁我们的生命安全。因此，我们一定要重视厨房安全，定期排查厨房的火灾隐患，养成良好的使用习惯。

在日常生活中，我们在使用厨房的时候，一定要谨记以下安全注意事项。

(1) 厨房的装饰材料尽可能地采用不可燃烧材料。炉具和易燃物要有安全距离。

(2) 炉具在使用后要马上熄火并关掉燃气阀门。炉灶、排气扇等器具上的污物应定期清除。

(3) 煎炸食物时，油不可太多，油温要掌握好；放油时，人不可离锅，待油温达到合适的温度时，立即放入食物；如果油锅着火，要注意不要将水泼到锅中，可以直接用锅盖或湿抹布盖住，将切好的蔬菜倒入锅中也可将火扑灭。

(4) 长时间炖、煮食品时，必须有人看守，煮汤时要将炉火调低或打开锅盖，防止汤水溢出导致燃气熄灭后泄漏。

(5) 若使用煤气罐，炉具应距离煤气罐至少 1.5 米，不得将易燃物堆放于煤气罐四周。

(6) 定期清洗油烟机内的油脂，避免高温造成油烟机自燃。

(7) 不要将电饭锅、电磁炉、酒精炉、煤炉等同时混合使用。

(8) 经常检查厨房电器和线路，检查内容包括：电器线路是否由

于装修和不断增加电器设备等造成混乱；厨房中的电器出现故障后是否仍带病工作；电器电线有无老化、破损现象；厨房开关是否存在安装不当的情况；电器的工作电压和工作电流是否与额定值相符等。

（9）在外出或休息之前，要检查厨房电器、燃气阀门是否关闭。

除了以上注意事项，我们还要定期对厨房进行安全检查，排查火灾隐患。

（1）定期对燃气阀门、管线进行检查，如有任何问题，应立即报告物业进行检修。安全可靠的检查煤气泄漏的办法：用软刷子或毛笔蘸上肥皂水涂抹于燃气管线上，发现有泡沫的地方就是漏气点。

（2）要定期对各类电气设备及电源开关进行检查，以防有水渗入，造成漏电、短路、打火等情况。

（3）及时清理烟罩、烟道、灶台，避免油脂积累引发火灾。

如果厨房意外着火，一定要保持镇定，按照正确的方法迅速控制火势，避免导致重大损失。厨房起火的类型主要有三种：一是油锅起火；二是炉灶着火；三是燃气管道漏气起火。

若油锅着火，应遵循下列步骤灭火。

第一步，关掉燃气阀门。

第二步，用锅盖或者灭火毯等把锅盖上。

第三步，使用二氧化碳灭火器（一只手抓着手柄，一只手抓着喷嘴），喷嘴对着火焰的底部喷射。

如果是炉灶着火，应遵循下列步骤。

第一步，关掉燃气阀门。

第二步，使用二氧化碳灭火器（一只手抓着手柄，一只手抓着喷嘴），喷嘴对准火焰底部喷射。

如果是燃气管道泄漏燃气起火，这是最危险的情况，应立刻按照下列步骤进行处理。

第一步，迅速关闭燃气总开关或阀门，防止燃气泄漏。

第二步，打开门窗，让空气流通，降低泄漏气体浓度，防止爆炸。

第三步，严禁使用任何电器，切断室内总电源。

第四步，到户外安全的地方拨打 24 小时燃气公司紧急求救电话，等待检修。

第五步，迅速通知和疏散附近居民，防止发生爆炸事故造成人员伤亡。

4. 留心取暖装置，远离易燃物品

冬季是火灾的高发季节。随着气候干燥、气温逐渐下降，用火、用电日益增多，引发的火灾事故也随之增多。由于安全意识淡薄、取暖不当，导致冬季取暖安全事故频发，所以，我们在取暖的同时要特别留意火灾隐患，做到安全取暖、安全过冬。

下面简单介绍家庭取暖时应注意的事项。

（1）电热毯取暖

电热毯的通电时间不宜过长，通常是在睡觉前一个小时开始通电，睡觉时关闭电源，避免整夜通电。电热毯为冬季取暖提供了很大的便利，但如果不小心，特别是睡觉时打开电热毯，很容易引起火灾。

电热毯的着火通常是由于过长的通电时间、电热元件损坏、电热毯质量不合格、电热毯的温度控制装置出现故障、电热毯受潮等。在使用电热毯时，要注意下列事项。

①在使用之前，请仔细检查电热毯的电线、热点、导线有无破损。如果有损坏，不要随便拆卸，要找专门的维修人员进行维修。

②电热毯应该放在较薄的被褥或者垫子下面，不要折叠起来，要有良好的散热环境。

③要留意电热毯是否异常，当温度达到要求就马上关掉电源。在紧急停电后，要切断线路。

④注意保护电热毯，不要让孩子在铺有电热毯的床上跳跃，以免造成电线断裂。

⑤电热毯的使用寿命是6年，无论是哪个牌子的电热毯，6年之后都要停止使用。

⑥请不要把针头、缝衣针等锋利的金属物体插入电热毯，防止电热毯发生短路引发人体触电。

⑦婴幼儿、无法照顾自己的老人或病患使用电热毯时，应定期为他们检查电热毯的温度、湿度。电热毯最忌沾水或尿液，这会损坏其绝缘性，还会侵蚀里面的电线，降低其使用寿命。如果电热毯沾水或者尿液，最好的办法是放在太阳下晾干后再使用。

⑧电热毯每次使用时间不宜过长，最长不要超过1小时。

（2）电暖器取暖

①电暖器要与人和易燃物保持一定距离，不可用于烘干衣服。

②功率大的电暖器，不能与大功率的家用电器同时工作。

③房间里没人时，确保电暖器处于断电状态。

④定期对电线进行检查，防止用电超载。

⑤用电暖器取暖时，可以考虑提高室内的湿度。

（3）木柴和煤炭取暖

①使用木柴、煤炭加热时要将其与易燃物分开，以防火花溅射引起火灾。

②晚上睡觉前要熄灭柴火，或者关上煤炉的阀门。

③在使用炉具（包括土制供暖）时，应注意其是否完好，如有破损、锈蚀、漏气现象，应立即进行替换。

④检查排烟管道是否通畅。烟囱的接缝要顺茬安装（烟筒粗的一头朝向煤炉），及时安装风斗，要经常检查烟道和风斗，添加煤后要及时盖上炉盖，睡觉之前一定要检查炉火是否密封，风阀是否开启。

5. 吸烟注意安全，切勿“惹火上身”

香烟燃烧时烟头的表面温度在200摄氏度~300摄氏度之间，中心温度在700摄氏度~800摄氏度之间，通常可燃物质的燃点都低于烟头表面温度。一根完整的香烟燃烧完大约需要4~15分钟，如果剩余的烟蒂是香烟长度的四分之一，那么它的持续时间是1~4分钟，稍不注意，碰到易燃物质，很容易引发火灾。

很多人习惯在卧室里吸烟，由此引发的火灾每年都有发生，而且往往造成严重的后果。有的人因未及时逃出而失去生命，有的人因为火灾而倾家荡产，这些事故后果给吸烟一族重重地敲响了警钟。下面是在家中吸烟可能引发火灾的六大危险因素。

第一，卧室内放置了大量的可燃物，特别是有些家庭还存有棉絮、浮绒等易燃物质，这些物质遇到明火能迅速燃烧引发火灾。

第二，香烟的燃烧是不产生明火的，它只是一种阴燃的形式，床铺被褥的棉花、纺织物的燃烧也是阴燃形式。正是因为不产生明火，火灾初期不容易被人察觉和发现，当被发现时室内温度很高，可能已经接近轰燃的条件，火灾的危害更大，后果更严重。

第三，被褥等棉、纺织物的阴燃释放出的烟气浓度大、毒性大，可导致人逐渐丧失行动能力而最终死亡。

第四，一些人喜欢关闭房门吸烟，这样会造成两种情况。一是封闭

时可燃物的烟气味不容易被他人发现；二是卧室里的毒气、温度更容易聚集，危险性更大。

第五，饮酒后或意识恍惚的状态下吸烟，对自己的行为失去控制更容易引发火灾。

在某个小区，四个年轻人合租了一间房。某天上午9点左右，几个人发现屋里冒出浓烟，大喊："起火了！"然后迅速逃离，并报了警。消防队及时赶到，扑灭了火灾，所幸只是部分财物损失，没有人员伤亡。房间里一片狼藉，床、衣柜、衣服、书等房间内的物品都被烧毁，地板也被烧碳化。

起火的原因是四个年轻人中的一个男子，早晨起床后躺在床上吸了一根烟，吸完之后，他顺手把烟蒂放在"烟缸"里，这时烟头并未完全熄灭，而这个"烟缸"也只是一个普通的塑料杯子。随即，这名男子就离开了卧室去洗漱。这个没有熄灭的烟头烧破了塑料杯，引燃了旁边的可燃物，然后又开始蔓延。等发现时，火已经燃烧起来，四个年轻人一时找不到合适的工具灭火，只有赶快逃离房间。

如果香烟与易燃气体、易燃液体接触，则更加危险。由于这些物质易燃烧，一旦与火花接触，就会发生燃烧或爆炸。在家里吸烟时，一定要远离这些易燃液体或气体，防止火灾事故的发生。除了在家里，在其他场所吸烟同样也要注意安全问题。

如果想避免一根香烟惹祸端，一定要在安全的环境下吸烟，不管是哪种场所，吸烟后要把烟头掐灭，待到完全没有火星时方可离开，要彻底改掉乱扔烟头的不良习惯。

6. 谨慎燃放烟花，当心引发火灾

我们在过年或其他节庆日，常常会燃放烟花爆竹来庆祝。烟花爆竹是以燃烧、爆炸而产生欣赏效果的，因产品存在某种缺陷或操作不当很容易引起火灾或爆炸事故。因此，我们在燃放烟花时，要注意以下事项。

（1）购买烟花爆竹要做到“三看”：一看经营者证书；二看产品包装；三看产品外观。要到正规的零售商店购买，要购买火药数量少的烟花爆竹，避免购买带有杀伤力的烟花爆竹；购买外观整齐、无霉变、无变形、无漏药、无浮药的产品；确认产品标识完整、清晰再购买。

（2）如在家中储存烟花爆竹，应尽量缩短储存期，并尽量减少储藏量，远离火源，防止受潮，不要存放在厨房、阳台等容易引起火灾的场所。

（3）燃放烟花爆竹时，不要在室内、窗口、走廊、楼道、阳台等空间狭窄的场所燃放，不要在楼顶、阳台、窗户等高处燃放，防止火花掉落或飞溅到易燃物上造成火灾。

（4）禁止在街道、公共场所、大楼、变电站、树林、高压线下和存放易燃易爆物品的场所等地方燃放。在五级以上的大风天气下，严禁燃放烟花爆竹。

（5）在燃放组合类烟花时，必须将烟花放置在地上，并加强防护，禁止倒放，避免燃放时出现事故。燃放后要认真检查，如发现有阴燃火

花，应及时熄灭。

（6）未成年人燃放鞭炮时，一定要有成年人陪伴，以免在燃放过程中，随意丢弃鞭炮，造成鞭炮蹿入易燃物中引发火灾。

（7）不要对未点燃的烟花爆竹进行二次点燃，应采取浇水法处理，更不能用已点燃的烟花爆竹点燃其他烟花爆竹。

某村位于偏远山区，全村有100多户、800多名村民。某年春节，一男子领孩子在院子里放烟花，他用打火机点燃烟花后用力一甩，本来想丢到院子中的空地上，却不小心甩到了邻居家的草垛上，不一会儿草垛就着起火来。当天风力比较大，草垛燃烧得很快，男子见状赶紧回屋里提水灭火，孩子去邻居家叫人一块儿来灭火。但是，火势非常凶猛，几桶水泼下去根本控制不了火势。没过多久，火势便从草垛蔓延到周边的其他易燃物品，然后又烧着了房子，等消防大队赶到时，男子家和邻居家的房子都已经被大火吞噬。

如果燃放烟花时引起周围可燃物的燃烧，要及时采取正确的扑救措施，减少火灾造成的损失。

（1）一旦发现火灾，首先要保持冷静和理智。如果处于火灾初期，燃烧面积较小，可以考虑自行扑灭。如果火势迅速蔓延，要迅速逃离现场并向外界寻求帮助。

（2）及时报警非常重要。拨打火警电话时，要准确说出起火的地址，包括详细的街道和门牌号，周边的标志性建筑。还要描述清楚起火物品的种类、火势的大小，以及是否有人被困，同时，要留下报警人的名字和电话号码。

（3）分析判断火灾发生的位置、原因、威胁范围，及时确定处置和扑救方法。展开扑救行动要迅速，尽量将火灾控制和扑灭在初期阶段。

（4）如果火势迅速扩散，有人被火包围，要第一时间救出被困人员，尤其是要先救老人和儿童。另外，不得组织少年儿童参加灭火行动，也不应组织孕妇、老年人和身体残疾较重的残疾人参加灭火行动。

（5）如现场有大量烟花堆积，尚未燃烧或爆炸，应首先设法防止其发生燃烧或爆炸。

第六章

掌握科学方法，应对交通火灾

交通工具极大地方便了我们的日常生活，但是，公共交通工具因其空间封闭、人群密度大等特点，一旦发生火灾后果十分严重。因此，学习必要的交通消防安全知识，掌握相应的火灾逃生技能，可以给我们的安全出行增加一份保障。

1. 电动车火灾事件频发，需加强自检自查

目前，电动车已成为人们日常出行的重要工具之一，其安全问题也日益引起公众的关注。尤其是频频发生电动车起火事故，不仅会造成一定的财产损失，还会对人身健康和生命安全构成严重威胁。根据国家消防救援局的统计数据显示，2023 年全国共接报电动自行车火灾 2.1 万起，相比 2022 年上升 17.4%。2022 年全国共接报电动自行车火灾 1.8 万起，比 2021 年上升 23.4%。因此，在日常生活中加强自检自查，并采取科学的措施防范和应对电动车火灾，对于确保个人以及公共安全至关重要。

某市区清晨的上班时间，大街上喧嚣不已，行人像往常一样匆匆忙忙地赶去上班，没有人预料到一场火灾正悄悄逼近。一位女士像往常一样骑着电动车在街道上穿梭，就在她驶入一条繁忙的街道时，电动车毫无预兆地发生了自燃。

一开始电动车底部有一点滋滋响声，同时，蹿出一股刺鼻的浓烟，还没等这位女士反应过来，浓烟已经变成火焰从电动车的底部蔓延开来。她赶紧停下车，把车扔在了路旁，然后迅速跑出去十几米远。也仅仅是短短的几秒钟，橙红色的火光已经照亮了周围，顿时浓烟滚滚。周围的行人惊慌失措，纷纷躲避，场面一度陷入混乱。

紧急情况下，路人立即拨打了消防电话。消防救援人员接到报警后，迅速到达现场。他们穿着厚重的防火服，手持灭火器和水枪，朝最为猛烈的火势中心喷射。在他们专业的操作下，很快就把火焰扑灭，但这时的电动车已经“面目全非”，成了一堆废铁。整个过程虽然惊险，但庆幸的是没有造成人员伤亡。

事后，经过调查了解到，这辆电动车已经使用了将近12年。长时间地使用，加上平时疏于保养，导致电动车内部的线路老化，电池性能衰减，最终引发了这场火灾。

电动车潜藏着火灾风险，特别是对于一些使用年限较长、平时缺乏适当保养的电动车而言，更是如此。这次火灾事件不仅仅是对那位女士的一个教训，也应该是对所有电动车用户的一个深刻警示。那么，为什么电动自行车容易起火呢?

一是电池出现故障或者过热。电动车的电池是其核心部件之一，如果电池本身质量不合格或者使用过程中出现故障，就容易导致电池过热甚至起火。

二是电路短路或者出现老化。电动车使用过久，车里的连接线路容易老化、松动导致漏电、接触不良或短路。

三是充电设备故障。如果使用质量不合格、已经损坏的充电器，或者在不合适的环境条件下充电，都可能导致充电设备发生故障；另外，一般情况，电动自行车充电8小时左右就能充满，过度充电或者整夜充电会让电池发热、鼓胀甚至爆炸，也会增加充电设备过热的可能性，从而引发火灾。

四是使用环境不良。例如在高温、暴雨天气或者在潮湿环境下，都有可能会影响电动车的安全性能，增加发生火灾的风险。

五是人为操作不当。使用者在使用电动车时存在过度加速、急刹车、超载等情况，没有按照说明书中正确的方式操作，也容易导致电动车的电路或者电池出现问题，从而引发火灾。

六是电动车设计存在缺陷。一些电动车存在设计上的缺陷，例如电路布局不合理、电池安装不稳固等，也增加了火灾的发生概率。

电动车火灾的危险性究竟有多大？这个问题可以用四个字来描述——快、热、毒、炸。首先，一旦电动车发生火灾，火势会迅速蔓延，以肉眼可见的速度燃烧，极短的时间内就会将整辆车包围。这种火势的发展速度，往往让人来不及采取措施应对。其次，一般电动车的车身、围挡、坐垫等部分采用的是高分子可燃材料，一旦起火，所释放的热量不可小觑。据统计，高分子可燃材料起火 90 秒后，火焰的温度就可达到 200 摄氏度以上，这样的高温不仅会引发物体燃烧，还会对周围环境和人体造成极大的热损伤。再次，电动车发生火灾时所产生的烟雾中含有一氧化碳、氰化氢等有害物质，这些有毒气体会对人体呼吸系统和神经系统造成极大的危害。特别是在室内空间发生火灾后，浓烟会迅速蔓延，使周围环境空气中的有毒气体浓度急剧上升，给人们的生命安全带来巨大威胁。最后，电动自行车的电池一旦受热，很可能会发生爆炸，加大火灾的严重程度。

电动车火灾快、热、毒、炸的特性使其成为极具危险性的灾害事件。为了降低火灾的发生风险，我们需要通过下面的措施增强预防意识，保护生命和财产安全。

（1）定期检查电动车的电池、电路、充电器等关键部件，确保其工作状态良好。特别是电池，应重点检查电池连接线是否磨损、电池是否膨胀，如果发现此类情况应及时更换。

（2）使用原装或者符合安全标准的充电器，并且避免在高温或者潮湿环境下充电。尤其是不要长时间充电，充电最好在白天进行，避免夜间充电过程无人监管。

（3）避免违规改装电动车，破坏整车电气线路的安全性能，充电时容易引发车辆电气线路过载、短路等故障。

（4）除了定期对电动车进行安全检查，还要定期对电动车进行保养，例如清洁车辆表面、润滑传动系统等，保持电动车处于良好的使用状态。

（5）购买电动车时应选择正规品牌和有保障的产品，避免购买质量不合格的产品，从源头上降低火灾风险。

（6）如果发现电动车存在异常响声、异味、漏液等现象，应立即停止使用，并及时联系专业人员进行处理，避免发生事故。

如果在行驶过程中发现电动车出现异常，应迅速切断电源。如果电动车已经起火，现场周边若可以找到灭火器，可以使用 ABC 干粉灭火器或二氧化碳灭火器灭火。如果没有灭火器，也可以使用沙子、湿布或湿棉被覆盖，以切断氧气供应。如果火势已经失控，进入猛烈燃烧的阶段，应立即撤离现场，并立即拨打 119 火警电话求助；同时，在未完全扑灭火灾或者未确认现场安全之前，要尽快疏散周边人员，避免火灾对人身造成伤害。

2. 地铁空间密闭，逃生路线最重要

地铁是我们经常乘坐的出行工具。乘坐地铁出行时也应该时刻留意和防备地铁里的意外情况。地铁环境特殊，人流密度大，如果突然发生火灾等事故，容易造成严重的人员伤亡。

通过分析国内外发生的地铁火灾事故，我们可以总结出，地铁火灾主要有以下四方面特性。

（1）地铁火灾灭火难度大。由于地下通道的入口和出口是发生火灾时的出口，火灾发生时人员大量涌出，消防队员很难靠近火源，进行灭火。

（2）由于地下建筑物相对密闭，无法进入大量新鲜空气，容易造成含氧量急剧降低，人员容易窒息而死亡。

（3）地铁排烟效率低。地铁里的旅客因为随身携带的东西较多，且大部分都是易燃的，一旦燃烧就会蔓延很快，并产生大量的烟雾，地铁里的空间有限，烟雾很快就会弥漫整个地下通道，导致人员吸入烟雾窒息或中毒死亡。

（4）地铁的通道大都很长，这就增加了逃生需要的时间。

某地铁正常行驶时，突然中间处的一节车厢着起了火。乘客立刻按响了警铃，乘务人员急忙赶来灭火，并组织人员疏散。几分钟后，火被扑灭，没有造成人员伤亡。

一名乘客在事故过后回忆说，当时，她的乘坐位置距离失火点仅有几米，突然听到“哧、哧”的声音，还没等她反应过来，车厢就燃起大火，一直烧到了车顶。有乘客看到车厢起火，一时惊慌失措，乱作一团，拼命地向车厢两侧逃散，幸运的是，当时有一位乘客很冷静并且反应迅速，按响了警铃，因而火灾被及时扑灭，没有发生踩踏，否则后果不堪设想。

通过上述案例，我们可以看出地铁发生火灾时，乘客容易惊慌失措，影响第一时间灭火或者逃生。当遇到地铁发生火灾，我们除了应该保持镇静，还要掌握科学的自救方法。

（1）熟悉地铁车厢的消防及报警设施

①烟雾报警器。通过监测烟雾浓度，及时发出报警信号，实现火灾防范。

②防火卷帘。地铁车站和场段的建设都采用阻燃材料，车站及区段特定位置设置防火卷帘门，可有效防止火情迅速扩散。

③手动报警按钮。内置插孔电话为消防人员救火时提供方便，按下手动报警按钮后火警确认灯会点亮，表示火灾报警装置已经收到火警信号。

④发声报警器。是安装在现场的发声警报设备，当现场发生火灾并确认后，发声警报器就会发出强烈的声光报警信号。

⑤消火栓。地铁站内的消火栓设置在公共区域的墙壁内，有明显标识。

⑥灭火器。地铁每节车厢两端备有灭火器。红色的是常规的干粉灭火器，绿色的是水基型灭火器，相对而言干粉灭火器不容易复燃。

（2）熟悉地铁结构以及地铁隧道安全疏散设计

地铁隧道的逃生方法有两种，区间能通车的情况下，可以组织其他列车进行救援，将乘客送到附近的车站，这种称之为列车疏散；当意外事件造成地铁不能行驶时，乘客必须徒步撤离到附近的车站，这种称之为乘客步行疏散。

由于地铁车辆结构和型号的不同，隧道中行人的疏散方式也不尽相同，其差别如下。

A 型车采用的疏散模式是，每一辆车的车头前端都有一扇逃生门（驾驶室的前挡风玻璃旁），一旦发生紧急情况，驾驶员就会广播通知乘客向前方（后方）进行疏散，然后打开逃生门，疏散人员可以从疏散楼梯进入隧道，然后顺着铁轨前往最近的地铁站（隧道的长度一般为 1.5 公里），如果前方有异常情况，可以从地下通道进入另一条隧道，然后前往最近的车站。

B 型车采用横向疏散的方式，B 型车的左前方，会有一个逃生平台，这个平台的高度和驾驶室的车门、车厢车门的开启位置一致，在紧急情况下，驾驶员会打开驾驶室的左边车门，或者打开车厢的车门（通常是 1~2 个车厢的门），让乘客从逃生平台上撤离。

L 型车与 B 型车的撤离方式相同。需要特别注意的一点是：L 型车是由第三接触轨高压供电，而接触轨安装在与疏散平台同一侧的下方，因此疏散时注意不要从疏散平台上跳下轨道，避免近距离接触高压线。

（3）地铁隧道逃生时应注意的问题

①要向上风口奔跑，也就是逆风跑。因为隧道内部非常有利于空气流通，而且在火灾发生后，地铁会启动应急系统，从一头喷射出一股气流，另一头则会吸入大量的浓烟，产生一股强大的对流风，让有毒的气

体流向下一条通道。

②在逃跑过程中，用毛巾或衣服用水打湿后遮盖口鼻，以便过滤和防止吸入有毒物质，最好是弯腰行走，因为发生火灾时，弥漫在通道中的烟雾和毒气起初并不均匀，上部厚，下部薄；逃生时不要大声呼喊，以免吸入更多的烟雾和有害气体。

③如果还在站台未登车时突遇火灾，要听从指挥按照消防指示标志沿着楼梯逃生。

④在地铁站遇火灾切莫乘坐电梯，应该步行向安全出口方向逃生。

⑤浓烟下采用低姿势撤离，视线不清时，手摸墙壁缓缓撤离。

⑥听从指挥和引导。在逃生过程中要听从地铁工作人员的指挥和引导，不能盲目乱跑，注意朝明亮处迎着新鲜空气跑。

⑦逃生时不要贪恋财物，不要因为不舍贵重物品而浪费宝贵的逃生时间。

⑧身上着火千万不要奔跑，可就地打滚或用厚重的衣服压灭火苗。

3. 火车人流密集，注意逃生方法

火车发生火灾，往往会造成严重的损失。火车的软卧和硬卧的铺位、座椅和窗帘、乘客随身携带的大包和小包，这些都是易燃物品。当火车着火时，火势会快速扩散，并通过空调管道向其他车厢蔓延。假如是双层空调车，下层火势会向上层扩散，从而对上层旅客造成威胁。另外，当火车高速行驶时，产生的空气压力也会促进火势的扩散，使正在运行的火车成为一条火龙，对旅客的生命构成极大的威胁。

另外，如果火车发生火灾，容易引发中毒和窒息死亡。由于车厢内空间狭窄，高度又不高，而且大多车厢的车窗是密闭的，烟雾难以排出，因此造成的高温烟雾会迅速扩散，弥漫整个车厢，并扩散至其他车厢。由于窗户紧闭，人群拥挤，氧气不足，车厢里的一些易燃物质无法完全燃烧，产生了一氧化碳和有毒气体，会导致乘客中毒或窒息而死。

当火车着火时，在烟雾、高温和火势的威胁下，被困人员往往会出现下列行为特征。

（1）恐慌。尤其是在夜晚发生火灾，起火的时候，熟睡中的乘客并不知道，火势蔓延的时候，他们从睡梦中醒来，意识到自己面临危险，会十分恐慌。

（2）疯狂逃跑。被大火包围的人们为了逃离火场，从前后车门蜂拥而出。惊慌失措的老人、儿童和残疾人，很容易被人群推倒，发生踩踏事故。

（3）渴望找到同行人员或携带贵重物品。有的乘客带着现金和贵重物品，或是与家人、同事、朋友同行的。当大火来临时，大部分人会在第一时间拿起现金和贵重的物品，或者是寻找自己的家人或同伴，这更容易导致混乱。

如果火车发生火灾，乘务组人员应立即采取以下措施。

（1）着火的车厢中，如果火势较小，乘务组人员应当通知旅客，不要打开车门和窗户，避免大量的新鲜空气涌入后，造成火灾的进一步蔓延。同时，组织使用消防设备进行灭火，并有序地让旅客转移到邻近的车厢。

（2）火车上的乘务员除了需要引导被困的乘客从车厢连接的通道中撤离，还要立即按下安全制动闸，让列车停止行驶，并组织人员打开着火车厢所有的车门和窗户，将被困的人从火场中救出来。

（3）当火车在运行中或停靠过程中，着火车厢对邻近车厢造成危险时，应当采用脱钩方式让未着火的车厢安全脱离。首先要把着火车厢

和没有着火车厢分离。

（4）在使用摘钩方式进行车辆撤离时，必须在较为平坦的路面进行。在易出现滑车的路段，可以在车轮下塞上硬物，以避免滑车。

乘客也可以采取以下几种方法逃生。

（1）尽量使用火车上的设备逃生。

使用火车前部和后部的车门。火车的每个车厢里，都有一条大约20米长、80厘米宽的人行通道，车厢的两端设有手动或自动门。发生火灾时，被围困的人应该迅速顺着车厢的通道，有序地走向车厢两端的车门，再走到其他车厢或下车，从火场中逃生。

（2）从火车的窗口逃跑。火车车厢的窗口通常是70厘米长60厘米宽，并配有两层玻璃。发生火灾时，被困者可以用硬物打破玻璃窗，从窗口逃生。

（3）在烟雾笼罩的情况下，乘客应低头弯腰步行至车外或邻近车厢。

火车发生火灾的危险性和后果非常严重，所以，我们在乘坐火车时，要严格遵守乘车规定，不携带任何危险品。

4. 公共汽车起火迅急，保持反应灵敏

公共汽车是人们经常乘坐的一种交通工具，一旦着火会对人们的生命和财产造成了极大的损害。因此，我们一定要了解如何在公共汽车火灾中自救。

公共汽车发生火灾很容易造成严重的后果，一是公共汽车的燃料罐容积在50升至200升之间，由金属制成，一旦被点燃，极易爆炸。二

是公共汽车车门的数量少，大客车、普通客车的车门数量通常是2个，中、小型客车的车门数量通常是1个。三是公共汽车的乘客数量较多，尤其在乘车高峰。

除了碰撞导致火灾，公共汽车发生火灾另一个主要原因是自燃，一些公共汽车的使用年限较长，容易因为线路老化、供油系统故障、电器短路等原因，引起自燃。特别是一些线路较长的公交车，由于长时间持续行驶，容易致使发动机温度升高，如果是在炎热的夏天，更容易自燃起火。经过研究调查统计，公共汽车自燃的原因主要如下。

一是线路老化引发公共汽车自燃。在没有任何先兆的情况下，公共汽车的突发自燃事故大多是由线路故障引起的。特别是一些城际客车，长时间、长距离行驶，发动机各部件长时间运转，温度升高，发动机通风状况不好，容易造成电源线短路，从而引起自燃。二是燃油泄漏引起公共汽车自燃。汽油滤清器多安装于发动机舱内，而且距离发动机缸体以及部分电气很近，一旦燃油出现泄漏，混合气达到一定的浓度，加之有明火出现，自燃事故就不可避免。尤其夏季温度较高，汽油滤清器的连接油管容易受热变形，使原来温度低时连接很紧的软管变松，导致汽油泄漏，从而引发公共汽车自燃。三是变速箱油和动力转向油泄漏到热排气管上，也会引发公共汽车自燃。

如发现公共汽车有异常的声音、气味等，司机应立即停车，查看异常部位，若发现起火，切勿贸然开启引擎盖，以免进入新鲜空气助燃，要尽快报警。同时，所有乘坐人员要保持镇定，根据起火的具体位置来决定逃生和灭火的办法。

发生火灾时，从车门逃生是第一选择。如果不能打开车门，可以使用紧急开关。除驾驶室边上的紧急开关，在门的上面还有一个紧急开关。如果车门故障不能打开，或者车里太挤，那么车顶的天窗和两侧的窗户也是逃生的途径。现在的公共汽车都配备了安全锤，用安全锤的尖端对准车窗的角落敲击，车窗玻璃就会破碎，乘客可以用脚踢开玻璃，从车窗跳出。除了安全锤，高跟鞋、腰带扣和灭火器也可以使用。

疏散时，避免惊慌失措，以免造成人身伤害；另外，要逆风跑，不要回到车上拿东西。

5. 轮船空间局促，必须当机立断

轮船在航行、停泊、检修时，如果操作不当，很容易引发火灾造成严重的人员伤亡和财产损失，轮船火灾有以下几个特点。

（1）扩散迅速，潜藏爆炸危险。火灾一旦在机舱内发生，火势就会沿着机器设备、电缆线、油管线，向四面八方蔓延。通常情况下，着火后10分钟就会蔓延到整个机舱，储油箱因为被火焰烘烤，很容易发生爆炸。

（2）容易发生立体火灾。楼梯从下到上贯穿通风管，使火势迅速扩散，可造成多层、多舱室火灾。

（3）容易产生有毒气体。客舱室内装修所用的材料主要是木质、泡沫等易燃材料，这些材料燃烧时会产生大量热量以及有害气体，对现场人员的生命构成威胁。

（4）乘客疏散困难。轮船着火时，乘客惊慌失措，慌忙逃跑，很容易堵塞楼梯和走廊，无法撤离的人员被大火和浓烟包围，在火灾和浓烟中，随时都有可能发生人员伤亡。

某客轮长59米，宽8米，主体为钢质结构，船体共有4层，容客量500人，分为客舱、观景台机舱、厨房、船员生活区及舞厅娱乐场所。

某天中午时分，客轮上的某位员工发现机舱里着起了火，而且火势很大，他赶紧找到灭火器对着火堆喷射，虽然火势有些减弱，但是当灭火器喷完之后，火势又突然大了起来。他赶紧拉响警报。由于机舱着火进不去，听到警报来救火的人员只能用灭火器和水桶提水灭火，但是无济于事，火势很快向舱壁、甲板、舷边多处蔓延。船员将乘客疏散到客轮甲板。所幸轮船距离岸边不远，船长命令极速将船行驶到岸边，将乘客全部疏散到岸上。

经过现场勘查，发生这场火灾的原因是副机增压器与机油过滤器相连接的润滑油管破裂，管内的润滑油喷射到涡轮壳上起火。这场火灾事故造成了8人受伤。

随着现代科学技术的发展和进步，船舶自动化程度越来越高，使用的电气设备也越来越多；同时为了追求豪华，沙发等易燃品增多，因此轮船发生火灾的可能性也相对增加。轮船火灾成因大致有以下几个方面。

（1）明火或暗火引起的火灾。明火指带有火焰的火，如火柴点燃、气割、油灶的火；暗火指不带有火焰的火，如烟头、炭火星等。不论明火还是暗火都和人相关，稍有不慎或管理不严就很容易引起火灾。

（2）电气设备引起的火灾。船上大量的电气设备，如有电气线路短路、超负荷运转、设计安装错误、电线老化、绝缘失效以及乱拉电线等现象，会导致线路着火而引起火灾。

（3）火星引起的火灾。轮船烟囱、金属撞击摩擦都会产生火星。火星有较高的温度，可以引燃可燃物质，还会引起可燃气体爆炸，从而造成船舶火灾。

（4）自燃引起的火灾。沾了油的棉纱、破布、木屑等易燃物，如果暴露在空气中，再加上通风不良，时间长了就会氧化发热而发生自燃，酿成火灾。

（5）热表面引起的火灾。船上机器的排气管、蒸汽管、锅炉外壳等都是热表面，如果溢油溅到这些热表面上，或者衣物、棉纱靠近热表面就会造成温度升高而引起火灾。

如果轮船发生火灾，我们可以选择以下几种途径逃生。

（1）利用内梯道、外梯道、舷梯等，从轮船内部安全疏散；使用逃生通道逃生；使用救生船和其他的救生设备逃生。

（2）轮船在行驶中机舱着火时，舱外人员可以利用尾舱通往上甲板的出入口逃生。船员必须将乘客引导到客轮的前部、尾部和露顶板，如有需要，可以使用救生绳、救生梯脱险。若火势蔓延，将通道封闭，无法逃生的人可将房门关上，防止烟雾、火焰侵入。

（3）在轮船一层发生火灾，且尚未波及机舱的情况下，必须采取安全的停泊措施，使船身保持相对的稳定。被大火包围的人员，要尽快撤离到主甲板或露天甲板，利用救生设备逃生。

（4）轮船发生火灾时，乘客在逃生后，应当顺手关闭舱门，防止火灾扩散，同时通知邻近的乘客迅速撤离。如果火焰已经冲出房间，封闭了内部通道，隔壁的乘客应该关上靠近走廊的门，然后从两边的舱口逃出去。

总之，轮船火灾与陆上火灾的逃生是有区别的，具体的逃生方式要根据客观情况确定，以避免或减少不必要的人员伤亡。

6. 家用车时常检查，避免自燃危险

随着生活水平的提升，我国家用车的普及率越来越高，作为常用的交通工具，汽车虽然方便，但是如果不经常保养的话，很容易造成无法预料的安全问题，其中最危险的问题之一就是汽车起火。

汽车一般使用汽油作为燃料，汽油燃点低，挥发性好，但点火能量低。汽车使用的油品、橡胶管、轮胎等都是易燃物，容易引起剧烈的燃烧，在燃烧过程中会产生大量的热量；汽车行进中，氧气量相对充足，如果着火更会让火焰迅速蔓延。另外，现在汽车内部的装饰越来越多，而且大多采用高分子复合材料、塑料构件等，一旦发生火灾，会释放出一氧化碳、氯化氢等有害气体和烟雾。

哪些原因会引起汽车火灾呢？汽车发动机中的燃料泄漏。发动机由不同的零件构成，如果长时间不保养的话，会导致发动机的油封无法达到密封的标准，长此以往机油会散落到发动机的辅助管路上，造成腐蚀，而一旦裸露的线路接触到油，就会燃烧，引起火灾。汽车受到剧烈的撞击，导致内部易燃物泄漏与电线或火源发生接触而起火。发动机运转时，点火线圈的温度迅速升高，如果泄漏物接触到污泥等助燃材料，就会引起火灾。汽车装有易燃易爆物品，例如打火机，如果长时间暴露在阳光下很容易发生爆炸，引起火灾。

在某大道上，一辆白色的小轿车正常行驶时突然起火，车主赶紧把车停在路边，但这辆车上没有灭火器，车主一时也没有办法灭火。这时，一辆公交车路过，公交车司机远远地就看到小轿车冒着浓烟，赶紧停下车，拿出灭火器跑了过来，一边跑一边拔掉灭火器上的保险栓，距离小车两三米时，对着小轿车猛喷。几分钟后，终于把小轿车的火扑灭。火灾将小轿车前舱的大部分器件烧毁，所幸没有造成人员伤亡。事故发生后，车主叙述，这场火灾有可能是汽车线路老化再加上漏油引起的。他刚开始发现前机盖突然冒出浓浓烟雾的时候吓坏了，赶紧把车停了下来，眼看着火势和烟雾越来越大，他束手无策，只能尽快上车把手机和证件拿出来。如果当时不是公交车司机的及时相助，他的车肯定会被全部烧毁，而且还有爆炸的危险。

汽车起火之前，有时会有一些前兆，例如由于线路短路造成仪表灯不亮；开车时闻到异味等。

汽车自燃一般都有一个过程，刚开始时可能会有焦煳味，或者是冒黑烟等。如果驾驶者看到车后有蓝色或黑色烟雾飘出时，应该马上停车并关闭电源；如果汽车耗油量比平时突然明显增多，而且是在正常使用的情况下，有可能是油路出了问题必须检查；汽车启动突然出现困难或行驶中抖动明显加剧，应停车并对汽车进行全面的检查。如果汽车已经起火，我们应立刻采取科学、有效的灭火措施灭火。

（1）驾驶员迅速停车，让乘车人立即下车，并切断电源。

（2）如果火灾面积较小，可以使用汽车上自有的消防器材进行扑救。

（3）如果火灾面积较大，且没有灭火器时，可用沙土、冰雪等覆盖车辆。

（4）发动机着火时，不可打开引擎盖进行扑救，当燃料着火时，不要用水扑灭，以免使火势进一步扩大。

另外，在灭火或逃生时，我们还要注意以下几个细节。

（1）汽车在行驶过程中，如果突然冒烟，并有明显的焦煳味，应立即停车，关闭发动机和电源，下车查看情况并拨打119火警，说明起火地点、火势等情况，注意不要在车内打电话。

（2）汽车着火后，在逃跑或灭火的时候，如果衣服着火，在时间允许的情况下，迅速脱掉衣服，并用脚把火熄灭；若时间不够，可以在地上迅速打滚，将火扑灭。灭火时，不可大声呼喊，以防窒息或烧伤气管。

（3）行车过程中遇到火灾时，应把车停放在远离城镇、建筑物、树木、车辆及易燃物品的空旷地带。

（4）在高速公路上发生火灾时，不得将车辆开入服务区域或停车区域。在逃生之前，关闭点火开关，电源总开关。

我们除了要学会应对汽车自燃的安全技能，更为重要的是，要经常对车辆进行安全检查，尤其要勤检查电路、油路，查看是否有胶皮老化、接线柱松动或被油污腐蚀、油路泄漏等情况。不要随意加装电器、更改电路，因为很有可能在线路布局、电路负荷等方面达不到要求，从而带来安全隐患。不要在车内放置打火机、空气清新剂、真空铝罐包装的化妆品、香水等受热容易膨胀爆炸的物品，尤其是炎热的夏季，更要多加留意。另外，车内一定要常备灭火器，如果超过有效使用日期，要及时更换，这样才能在汽车发生火灾时，使用有效的灭火工具及时控制火势。

第七章

熟悉消防工具，提高灭火能力

消防工具是发生火灾时重要的灭火器材，正确掌握和使用消防工具对减少火灾中人员伤亡、财产损失有着重要作用。家庭、企业、公共场所都应配备消防工具。每一个人都应了解消防工具的重要性，并通过学习和演练掌握消防工具的使用方法，以便在发生火灾时高效地灭火以保障生命和财产安全。

1. 合理摆放消防设备

消防器材的摆放和安装非常重要，如果摆放和安装的位置不正确，那么在突发火灾时，消防设备不能被正确使用，就会贻误最佳的灭火时机，造成更大的损失。

某个建筑工地上，有8名工人正在夜间作业，他们的工作内容是从12楼向11楼楼板穿电线管。夜间11点左右，一名工人发现电焊机周边的草帘着火，于是，赶紧通知其他工友。工友闻讯赶来灭火，却发现周围连个灭火器都没有。有几个工人跑到楼下去找灭火器，好不容易找到2个拿上来后发现都已经冻坏了，无法使用。其他工人用现场的木板扑火，但是晚上的风力比较大，火势很快就蔓延到楼梯、脚手架……消防队赶到的时候，大楼已经冒起了滚滚浓烟。

不同的消防器材有不同的位置要求、安装标准及数量标准，须严格按照要求配置。下面以常用的灭火器举例说明。

(1) 灭火器摆放位置的注意事项

①应将灭火器置于显眼位置，对于存在视线障碍的位置，应当设有指示灯；

②灭火器必须放置在方便人员使用的场所；

③灭火器的放置不能影响人员疏散；

④灭火器的放置位置，要考虑到方便维修和清洁；

⑤灭火器的放置位置应该有利于其稳固摆放；

(2) 灭火器放置条件的注意事项

①灭火器必须放置在灭火器箱中，或放置在挂钩、支架上，其顶端与地板的高度不能超过 1.5 米，支架底部与地板的高度不能低于 0.15 米；

②灭火器放置时需要将铭牌朝外摆放；

③灭火器放置于潮湿或强腐蚀性场所时，应采取适当的防护措施；

④灭火器的外观要保持干净、没有粉尘；

⑤在灭火器的上方，必须有标识牌标示；

⑥不可将灭火器箱上锁。

某汽车厂，两名职工在涂装车间为新面漆返修线喷漆室脱落的铁门合页做焊接。当两人尚未焊完一个合页时，发现喷漆室门栅格板底部起火，其中一名职工在附近寻找灭火器，但找了半天一个也没有找到。又从车间内的消火栓拉出消防水带，但是因不会连接水枪，也无法使用。这时，另一名职工跑去启动生产线内的二氧化碳自动灭火系统，但因为操作失误使系统失去灭火功能。火势本来在初始阶段用灭火器就能控制，但是由于他们耽误了最佳的灭火时机，致使火势快速猛烈发展。最后，市消防救援总队调动了 12 辆消防车和几十名消防队员才将火扑灭。

从上述案例中可以总结，企业应按要求配置相应的消防器材。同时，要培训全员或相关责任人员熟悉消防器材的使用，掌握操作技能，这样在遇到紧急情况的时候，才能避免耽误最佳灭火时机。另外，企业按照标准和注意事项配置消防器材后，在日常工作中也要做好点检和维护工作，以防在遇到突发事件时消防器材不能使用。

2. 正确使用灭火器

灭火器是一种在内压作用下向外喷射灭火剂进行灭火的设备。它是我们日常生活中比较常见的一种灭火设备，轻便灵活，不仅便于放置及携带，而且成本也相对较低，适用于家庭及各种场所长期配备。在突发火灾时可以及时用其扑救，将火灾扼杀在萌芽阶段，从而避免重大的经济损失，保障人员的生命安全。

灭火器内部填充的灭火物质不同，使用方法和适用领域也有区别，我们日常使用比较多的是干粉灭火器、泡沫灭火器、二氧化碳灭火器等。

（1）干粉灭火器

干粉灭火剂由具有灭火效能的无机盐和少量的添加剂经干燥、粉碎、混合而成的微细固体粉末。根据驱动灭火器的动力来源，可分为贮气瓶式和贮压式两类。根据储气瓶在灭火器上的安装方式，干粉灭火器分为内装式和外装式。根据其移动方式，干粉灭火器可分为手提式、推车式和背负式。干粉灭火器可广泛用于扑救石油、有机溶剂等易燃液体、易燃气体、电器设备的初起火灾。

干粉灭火器日常需要存放在通风、干燥、方便使用的场所，避免潮湿及暴晒。在使用时，将其置于距着火点约 5 米的地方。在使用之前，先拔掉保险栓，然后将灭火器上下翻转几次，以使干燥的粉末在筒体中散开。内装式或贮压型干粉灭火器要先将保险栓拔出，一只手抓着喷嘴，另一只手按下压柄，干粉立刻会喷射出来。灭火时，将干粉灭火器喷嘴在火焰根部的方向左右摇摆。在使用过程中，干粉灭火器必须竖直，不可将其倒置。每次使用之后，应对其进行再次装粉和充气。

（2）泡沫灭火器

泡沫灭火器包括化学泡沫灭火器和空气泡沫灭火器两种，不同在于：化学泡沫灭火器中的气体是二氧化碳，而空气泡沫灭火器中的气体是空气。两种灭火器的工作原理一样，都是将试管中的酸性液体与碱性液体进行反应，形成气泡，将燃烧物体表面覆盖，起到降温的效果，同时也能将空气隔离开来，起到灭火的作用。泡沫灭火器主要用于扑灭汽油、煤油、柴油、植物油等油类的火灾，以及棉、麻、纸等初起火灾，不宜用于带电设备火灾、气体火灾和醇、酮、酯等有机溶剂造成的火灾。

手提式化学泡沫灭火器由筒体、筒盖、喷嘴及瓶胆等组成。筒体内装碳酸氢钠的水溶液，瓶胆内装硫酸铝的水溶液。使用时，将灭火器颠倒，让两种溶液混合，产生化学反应从而喷射出泡沫。在扑灭易燃固体材料时，应将喷口对准火焰最强烈的部位；在扑救容器内的油品火灾时，应将泡沫喷射在容器的内壁上，使得泡沫沿内壁流下，再平行地覆盖在油品表面上，避免泡沫直接冲击油品表面，将燃烧的液体冲散或冲出容器，扩大燃烧范围。

在使用和维护化学泡沫灭火器时需注意以下几点事项：一是在运输时，不得过分倾斜、摇动、横置或倒置；二是在喷出泡沫灭火的过程中，必须始终使灭火器处于颠倒、垂直摆放的状态，不可横向放置，也不可直立放置，否则，喷出将被打断；三是泡沫灭火器不能和水一起使用，因为水流会破坏泡沫。另外，不可将筒盖或筒底朝向人体，以防灭火器爆炸造成伤害；对灭火器的摆放位置和环境要经常进行检查，温度太高会导致药液不能使用，温度太低容易结冰；同时检查管体是否有腐蚀或渗漏，如果发现损坏，必须立即进行更换或修理。

空气泡沫灭火器由筒体、筒盖、提把、压把、喷管、泡沫喷枪等构成，适用范围与化学泡沫灭火器相同。在使用时，需要将灭火器的上端手柄拿在手中，快速到达着火地点。在距离火点约 6 米的地方，将保险

栓拔出来，一手握住开启压把，另一手握紧喷枪，用力捏紧开启压把，打开密封或刺穿储气瓶密封片，气泡就会从喷嘴中喷出，对着火焰最猛烈处喷射。

在使用和保养空气泡沫灭火器时需要注意的是：在喷射时，必须始终保持紧握开启压把，不能松开；为了避免灭火中断，始终保持直立状态，不可将灭火器横置或倒置；日常需要将空气泡沫灭火器放置于通风干燥处，以防止日光暴晒和强辐射热的影响；在使用后，应按照规定及时进行填充。

（3）二氧化碳灭火器

二氧化碳灭火器中装有压缩的液化二氧化碳，灭火时不会污染物体，不会留下痕迹。不仅适用于扑灭精密仪器、贵重设备、档案资料、仪器仪表的初起火灾，还可用于600伏以下的电气设备及少量油类等的初起火灾。但不适合扑救轻金属如钾、钠、镁等引起的火灾。

在使用手提式二氧化碳灭火器时，可以手提灭火器的提把，或者将其扛在肩膀上，快速地到达火灾现场，然后在距离着火地点约5米的位置使用。如果使用的是手轮式二氧化碳灭火器，要一只手握住喇叭形喷筒根部的手柄，把喷筒对准火焰，另一只手逆时针旋开手轮，二氧化碳就会喷射出来。如果使用的是鸭嘴式二氧化碳灭火器，要先拔去保险销，一只手握住喇叭形喷筒根部的手柄，把喷筒对准火焰，另一只手压下压把，二氧化碳即可喷射出来。

灭火时，应将二氧化碳灭火剂从近到远向火焰喷射，若火区面积大，可左右摇动喷嘴。扑救容器内火灾时，使用者应手持喷筒根部的手柄，从容器上部的一侧向容器内喷射；不要使二氧化碳直接冲击到液面上，以免可燃液体冲出容器而扩大火灾。

使用二氧化碳灭火器需要注意以下几点：一是尽量向燃烧区喷出大量的二氧化碳，以使其达到扑救浓度，从而快速扑灭火灾；二是在喷射时，灭火器必须在任何时候都垂直放置，不得倒置；三是勿将喷嘴或金属管子接触皮肤，以免造成冻伤；四是当在户外使用时，人必须处于上风的位置，如果户外有强风时，应尽量避免使用，因为喷出的二氧化碳气体容易被风吹走，对灭火的作用不大；五是当扑灭室内火灾之后，必须先将窗户和门全部打开，然后才能进入灭火，以免发生窒息；六是在狭窄、封闭的环境中使用后，应立即撤离，避免二氧化碳对人体造成伤害。日常保养二氧化碳灭火器时要避免在太阳下暴晒，储存在 42 摄氏度以下，并定期进行检测，灭火器的重量减少十分之一的时候，要立即进行补充。

 3. 规范使用灭火剂

灭火剂是一种可以有效破坏燃烧条件、终止燃烧的物质。随着技术的不断进步，灭火剂已经发展出许多种类，例如泡沫、卤代烷、二氧化碳、干粉等。不同的灭火剂在灭火效率、应用范围等方面也有不同。

（1）泡沫灭火剂

泡沫灭火剂是一种可以与水相混合的灭火剂，它可以用化学或机械的方式制造出泡沫。泡沫灭火剂具有灭火强度大、速度快、水渍损失小、易于恢复、产品成本低的特点，而且无毒、无腐蚀性，相对来说，较为安全。

泡沫灭火剂主要用于扑灭低温或普通沸点的易燃液体火灾，密闭的带电装置火灾，以及液化气流动的火灾。如对汽车修理室、易燃液体机房、油库和仓库、洞室油库、锅炉房、飞机库、飞机修理库、船舶舱室、油船舱室、地下室、地下建筑、煤矿坑道等有限空间发生的火灾特别适用；另外，泡沫灭火剂还可用于扑灭由油罐着火及易燃液体泄漏引

起的液体火灾。但是，高倍数泡沫灭火剂不能用于扑救油罐火灾，因为油罐着火时，其上方的高温气体升力较大，而气泡的比重较低，无法到达油面；泡沫灭火剂也不适用于扑灭水溶性可燃性液体火灾，但在室内贮存的少量易燃易爆液体，可采用完全淹没的方式进行灭火。需要注意的是，泡沫灭火剂具有导电性，当电器发生火灾时，应先断开电源，再使用泡沫灭火剂进行灭火。

（2）干粉灭火剂

干粉灭火剂，也叫粉状化学灭火剂，它是一种很容易移动的细小固体粉末。目前，常用的干粉灭火剂主要有两类：一是常规干粉灭火剂，二是多用途干粉灭火剂。常规干粉灭火剂以全硅酸钠为主要原料，价格相对低廉。该类型的灭火剂主要用于扑灭 B 类和 C 类物品引起的火灾，也被称作 BC 型干粉灭火剂。多功能干粉灭火剂主要用于扑灭 A 类 B 类和 C 类物品引起的火灾故亦称 ABC 型干粉灭火剂（备注：A 类指可燃固体物质，如木材、纸张等；B 类指可燃液体，如汽油、油漆等；C 类指可燃气体，如天然气、丙烷等）。

干粉灭火剂在使用时，借助于压缩气体（二氧化碳或氮气）的压力，使干燥粉末从喷嘴喷射出来，形成一股夹着压缩气体的雾状粉流。干粉粉末朝着着火的方向喷射，遇上火焰时，就会产生一系列的物理和化学反应，从而将火焰熄灭。喷射距离要根据灭火目标的不同而确定，原则上最好不要将燃料和粉末吹到装置与设备的表面为宜。干粉灭火剂应存放于通风、干燥的地方，需要安排专人定期进行检查。

（3）卤代烷灭火剂

卤代烷灭火剂可用于高价值物品的灭火，如油电设备、精密仪器等。这种灭火剂会产生轻微的有毒气体，在室内灭火后要进行通风，以确保人员的人身安全。

七氟丙烷是一种无色、无味、不导电的卤代烷。它具有良好的灭火能力。这种灭火剂是一种清洁剂，不会对环境造成污染，也不会对被保护的精密仪器造成伤害。

（4）二氧化碳灭火剂

二氧化碳是一种不活泼的气体，在扑灭火灾后迅速消散。二氧化碳灭火剂可以用于扑灭固体、液体或可熔固体物质火灾、气体火灾和带电火灾。但是，二氧化碳灭火剂不能扑救碱金属以及它们的氢化物引起的火灾，也不能扑救因惰性介质本身供氧而导致的火灾，例如硝酸纤维等。二氧化碳灭火剂对人体眼睛、呼吸道、皮肤等有刺激作用，当大气中的二氧化碳浓度为2%～4%时，人体的呼吸速度就会加快；浓度为4%～6%时，人会产生耳鸣、心跳加快；浓度为6%～10%时，可使人丧失意识；浓度超过20%时，人就会有生命危险。所以，在使用二氧化碳灭火剂过程中，要保持空气流通、避免发生窒息。

（5）气溶胶灭火剂

气溶胶灭火剂由极其微小的颗粒组成，可以像烟雾一样飘浮在空气中。它的特点是固体粒子微小，有气态特性，能够绕过障碍物到达防护空间的各个角落，并能在火灾发生的地方停留很长的时间，从而实现淹没灭火；与干粉灭火剂相比，其灭火效果明显提高；它可以在密闭的空间和开放的空间中使用。由于其不易降落、能绕过障碍物等特点，在工程中也被用作燃气灭火。

气溶胶灭火剂根据其形成方式，可划分为两种类型：热气溶胶灭火器和冷气溶胶灭火器。

热气溶胶灭火剂具有较高的灭火效率，然而，由于技术原因，热气溶胶在扑灭火灾时会发生火焰外喷，产生大量热量，从而导致容器外部温度过高，难以靠近，而含有冷却部件的热气溶胶灭火系统，在冷却过程中会消耗掉部分活性物质成分，从而降低灭火效率。热气溶胶灭火剂属于自反应性物质，在储存和运输过程中有可能会产生物理或化学的变化，以致发生自燃或爆炸等危险事故。

冷气溶胶灭火剂则是针对热气溶胶灭火技术的一些不足而研发出来的一种新型高效粉体灭火剂。冷气溶胶灭火剂的气溶胶在扩散时没有方向性，不管喷射方向或喷口的位置如何，在很短的时间内冷气溶胶灭火

剂能很快扩散到保护空间内，以全淹没方式进行灭火。相对来说，冷气溶胶灭火剂灭火效率高，毒性和腐蚀性小，对臭氧层无耗损，克服了热气溶胶灭火剂释放时所产生的高温连带反应等缺点。但是，冷气溶胶灭火剂的固体颗粒对人体的呼吸道有刺激作用；气溶胶释放后，会使现场的能见度下降，从而影响火灾现场人员的逃生。所以，冷气溶胶灭火剂通常不在人多的地方使用，只有在安全范围内，才能进行喷洒。

(6) 混合惰性气体灭火剂

混合惰性气体灭火剂是由氮气、氩气、二氧化碳按一定质量比混合而成的灭火剂。混合惰性气体灭火剂是当今世界上公认的绿色环保型灭火剂，在世界范围内已广泛应用。

混合惰性气体灭火剂与二氧化碳灭火剂有相似之处，它是通过减少防护区内的氧含量，从正常氧含量的21%降到12.5%以下来实现灭火。混合惰性气体灭火剂在扑救过程中不产生化学反应，不会产生烟雾，不会影响视线，不会对环境造成污染。由于其本身就是大气中自然形成的气体，所以，其排放到大气层中，不会对大气层中的臭氧层造成伤害，也不会产生温室效应，对环境没有负面影响。

4. 熟悉水枪水带的使用技巧

消防水枪和水带是容易携带的消防器材，可以通过水泵加高压，将水源快速输送到火灾现场。消防水枪和水带适用范围非常广泛，例如住宅、工厂、仓库、商场等公共场所，也是我们在日常生活中最为常见的消防器材之一，突然发生火灾时，它是可以高效率灭火的工具。

某商城是一座3层建筑，总面积约为2万平方米。该商城的消防设施配备得比较完善，内设自动报警系统和室内消火栓系统，共有上百个自动烟感探测器，还有几十个消火栓，另外还配备了将近100个灭火器。商城外面距200米和400米处各有一个消火栓。

某天，值班人员在商城经营区1层的西门处听到了火灾报警器报警，他赶紧跑到监控室查看情况，然后根据监控器分布图找到了报警的区域，发现有两个摊位拉着卷闸门，烟雾从卷帘门的上面冒出来。这名值班人员赶紧叫人救火，自己找钥匙去打开卷帘门。商城另外的工作人员听到着火的消息，迅速从消防柜里找到水带接上最近的消火栓，将另一头消防水枪对准摊位里着火的地方喷射。由于这场火灾发现及时，而且灭火也比较迅速、有效，所以，只烧毁了部分商品，并没有造成过多的损失。

消防水枪和水带的正确使用对保证灭火成功具有重要作用，所以我们要了解它们的构成及使用方法。

（1）消防水带

消防水带的组成部分包括接头装置、管夹装置、垫片装置、密封垫圈及管帽。接头装置是采用冷压（轧）法生产的大直径橡胶接头。管夹装置用来安装管夹，便于安装和拆卸。垫片装置主要是为保证大直径橡胶接头正常工作而设置的辅助装置。密封垫圈用于密封橡胶接头并防止介质泄漏。管帽用来与管夹、软管、阀门或法兰连接，并使管子移动时不脱离，防止漏水。

在使用水带时，需要拿起消防水带，把水带抛开，将水带接头对准消火栓，顺时针方向转动接好，拿起水枪头对准接头同样顺时针方向转动接好，打开消火栓通水，用水枪对准火源，左右晃动灭火。

水带在使用时要注意不要突然弯曲，以免造成局部折断，不得在地

面上随意拖动。在灭火时，要防止被火焰或热辐射损坏，同时，也要避免将水带与高温物体接触，避免油、碱等物品沾染，如果沾染，应立即将其清洗并且烘干。在铺设攀爬水带时，要用绳索吊起，在穿越公路的时候，要用水带护桥，避免水带与坚硬的物体发生碰撞。如果在使用中出现破裂的地方，要及时用胶带包裹，防止裂缝扩大，并做标记，用完后要及时修补。

消防水带的维护需要特别注意以下几点：一是水带应该以卷状垂直放置于水带架上，一年内至少翻转两次，并交换折边一次；二是应由专业人员进行管理，并定期检查接头的变形和破损情况，如果发现水带有坏损，要立即进行修复；三是使用之后，将剩余的水倒掉，放在通风的地方，晾干后卷起，放在水带架上。另外，在寒冷的冬季，在水带冻结的时候，要小心卷曲，以免造成损坏，并且在使用后要立即进行清洁和干燥处理。

（2）消防水枪

消防水枪有多种类型，根据射流形式和特征可分为直流水枪、喷雾水枪等。

直流水枪有两类：一种是不带开关式，另一种是带开关式。无开关水枪，可实现直接直流射水。喷头用塑料制成，其他主要零件均为铝合金。使用直流水枪射水时，操作者易受反作用力的影响，因此，若改变射水方向，应注意慢速进行操作，可采用能克服反作用力的肘形接口。在使用开关式水枪时，开关动作要慢，否则容易产生水锤，给水带带来损坏。

雾化水枪的种类较多，根据其作用，可以将其分为单用途型和多用途型两种。根据其构造，可以分成三种：回转离心式、冲击式和切向水道式。在这三种类型中，最常用的是切向水道式。它的雾化原理是在水压的作用下，水流从射流中心高速射出，在离心力的作用下，在喷嘴内产生高速旋转，喷射口喷射时形成旋转的圆锥状水雾与空气流发生碰撞、混合，从而产生较好的雾化水滴。

5. 消火栓的用途和操作方法

通常我们认为，只要消防车到达火场，就可以立即出水把火扑灭。实际情况则不然，有相当一部分消防车并不是直接装有水的，例如举高消防车、抢险救援车、火场照明车等，它们必须和灭火消防车配套使用。另外，一些灭火消防车因自身的载水量有限，消防员在灭火时也急需寻找水源，这个时候就需要消火栓的供水功能了。

消火栓是消防给水系统中的一种重要设备，主要是由弯管、阀体、阀座、阀瓣、排水阀、法兰接管、阀杆、本体、接口和帽盖等部件组成，它需要安装在消防给水管网上，主要是供消防队在灭火时使用。消火栓根据其安装区域还可分为室外消火栓和室内消火栓。

(1) 室外消火栓系统

室外消火栓系统是一种安装于建筑外部消防给水管道网内的消防设备，它既可以从城市给水管网或室外消防给水管网取水，也可以直接连接水带、水枪出水灭火，是扑救火灾的重要消防设施之一。

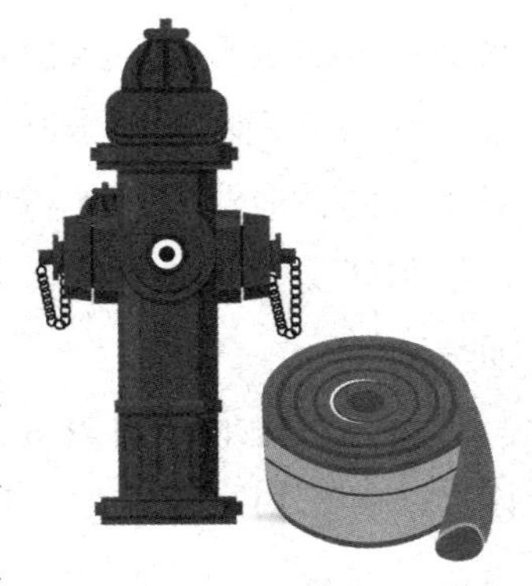

室外消火栓给水系统由消防水源、消防供水设备、室外消防给水管网和室外消火栓灭火设施组成。室外消防给水管网包括进水管、干管和相应的配件、附件，室外消火设施包括室外消火栓、水带、水枪等。

室外消火栓一般安装在建筑外墙外侧，主要用于城市、集镇、居住区和工矿企业等户外区域的消防供水，可分为常规的地上消火栓、地下消火栓、室外直埋伸缩式消火栓。室外地上消火栓地上接水，使用简单，但容易受到撞击，容易冻结，因此适合气温较高的地方。室外地下消火栓安装在室外地面之下，不易冻结，不易损坏，适合寒冷的北方地区使用。但其缺点是较为隐蔽，而且要在井口设置更大的井口，消防人员在使用时要从井里取水，不太方便。室外直埋伸缩消火栓，其特点是在不使用时将其埋入地下，使用时将其拉出地面工作。与室外地下消火栓相比，无须建地下井室，因此占用空间小，安装和使用更加方便。

（2）室内消火栓系统

室内消火栓系统是目前在建筑中使用最多的一种具有特殊接口的室内消防给水系统。它的进水端连接消防管道，出水端连接水带，由消火栓、水带、水枪、水喉等组成，是消防人员灭火的重要工具。室内消火栓系统用于商场、酒店、仓库、高低层公共建筑等场所。

室内消火栓是安装在室内消防管网、向火场供水并带有专用接口的阀门。它的进水口和消防管线相连通，出水口和水带相连通。消火栓的栓口直径为 65 毫米。

当火灾发生时，用附近的便携式灭火器无法扑灭时，应当考虑并找到附近的消火栓。

室外消火栓在使用时需要首先展开消防水带，迅速地把水枪和水带连接起来；然后，将消防水带与室外消火栓相连接，使用室外消火栓专用的扳手，拧开消火栓，即可使用。需要注意的是，当室外消火栓使用完后，应开启排水管，将消火栓中的水排出，防止冬季结冰将消火栓损坏。

一般情况下，室内消火栓在使用时可以按下列步骤操作：开启室内消火栓箱门；按消火栓箱内的报警按钮，启动消防泵；抽出并铺设消防水带，一头连接消火栓阀门的入口，一头连接消防水枪，注意水带不要弯曲、缠绕；将消火栓阀门打开到最大；把消防水枪伸到靠近着火的地方，然后用水浇灭。消火栓的内部要保持清洁和干燥，防止生锈、碰撞或其他损害，最好每六个月进行一次全面的检修，检修的项目包括：检查消火栓、消防卷板、给水阀门是否渗漏，如有漏水，应及时更换密封环；检查消防水枪、水带、消防卷筒等所有配件是否完整，卷盘转动是否灵活；检查报警按钮、指示灯和控制线是否正常；检查消火栓箱和箱体组装的零件外观是否破损，涂层有无脱落，箱门玻璃有无损坏；所有的旋转部件，如消火栓、供水阀门、防火卷板，都要经常加注润滑油。

消火栓是保障消防安全的重要设施，如果设施设置数量不足或者消火栓损坏，会对人们的生命和财产安全构成严重的威胁。在现实生活中，经常有一些单位和个人由于消防安全意识淡薄，导致消火栓被损坏，或者设在主要街道旁的一些消火栓被建筑工程圈占、掩埋，有的甚至被中断了供水，一旦发生火灾，这些消火栓无法发挥作用。因此，我们要在日常生活中爱护消火栓，保证在遇到火情时消火栓能够正常使用。

6. 掌握救火原则，避免火灾受伤

在扑救火灾时，我们必须遵循以下原则。

（1）救人第一

一旦发生火灾，首先要做的就是救人。在火势大的情况下，打开救援的通道，以帮助火场中的人更好地逃生，减轻火势对生命的威胁。

（2）先控制，后消灭

无法马上扑灭的大火，必须先控制住它的扩散，在有了充足的条件后，再将其彻底消灭。比如，在燃气管线着火后，要立即关闭气阀、切断气源、堵住漏气、阻止燃气扩散，并保护其他设备不受火灾威胁。对

于密闭情况良好的室内火灾，应在扑救前关上门窗，以延缓火势的扩散。志愿者在扑救过程中，必须依据自身的能力灵活地运用这一原则。对于能够扑灭的大火，要抓住时机，就地取材，速战速决；如果火势很大，扑救能力比较弱，或者由于其他原因无法及时扑灭，则应集中精力控制火势进一步发展或防止爆炸、泄漏等危险事故的发生，以防止火势扩大，为彻底扑灭火灾创造有利条件。

（3）先重点后一般

重点和一般是相对的。一般来讲，救人是首要任务，而不是物品；相对于普通物资而言，对珍贵物品的保护与救助是重点；火灾严重的区域，相对于其他区域是重点。

除了上述三点救火原则，我们还要优先处理危险区域尤其是有爆炸、毒害、倒塌危险的区域，相对于其他区域，这些区域是救火的重点。

另外，各单位也可以针对自身的情况提前制定本单位的救火原则，并在日常生活生产过程中，对全单位人员进行相关培训，以便在突发火灾时，可以有序、高效地采取灭火和救援行动。单位制定救火原则可参考以下几点。

（1）迅速、精确，协同工作

迅速、精确是指在火灾发生时迅速准确地接近着火点，尽早扑救，才能在火势扩散前，及时地将其扑灭。协同工作是指所有参加灭火的组织和个人在灭火过程中，必须齐心协力。

（2）一边救火，一边通知上级

在救火的同时，若有多人应指定一人联系上级或通知保安室，若仅有一人时，应一边救火，一边呼喊，其他员工听到呼喊声应尽快到场支援，并协助灭火或通知相关人员。

（3）尽快报警，减少损失

报警时要镇定、及时、精确、简洁地报出火灾部位、燃烧物质、火势大小；拨打 119 火警时，一定要说出起火单位的名称、详细地址、电话，并且要将火灾发生的原因和现场的情况说清楚，以便于救援。

（4）听从命令，不要慌张

遇到火灾时不要手忙脚乱，更不要慌张，要听从相关负责人或者消防员的统一安排，提高灭火效率。

（5）灭火器对火根喷射，使用水枪先断电源

一般灭火时，灭火器应瞄准火根喷射；若需要接通消防水带，应就近切断电源，并通知动力科切断总电源，以防触电；如果是油起火，只能用灭火器或者是沙土覆盖，不能使用水枪喷水。

（6）预防中毒和窒息

在扑救有毒物质时，应选择合适的灭火器材，并且尽量处于上风方向，在必要的时候要戴好口罩，防止中毒和窒息。

（7）打破部门界限，职务高的领导行使指挥权

火灾发生时，应打破各部门的界限，若火场发生地的消防责任人在场，即为现场总指挥，若有多个领导在场，应由职务高的领导行使指挥权，全体员工服从统一调配。

（8）逃生切勿乘电梯，弱势群体优先疏散

弱势群体的员工在火灾起后，应在指挥下优先撤离火灾现场，撤离时不要乘坐电梯。

（9）火灾现场需保护，事故原因细调查

保护好火灾现场，未经现场总指挥下令任何人不得中途或提前返回火灾现场。事故后期，要对事故原因进行详细调查，总结火灾事故发生的教训便于改进日后的消防安全管理工作。

第八章

掌握逃生本领，逃离火灾危害

在火灾事故中，有的人身受重伤，有的人失去生命，而有的人却成功逃生。只有掌握足够的火灾相关知识以及逃生技能，才能在火灾突发时迅速做出反应，最大程度上保护自身安全，实现自救和救助他人。

1. 遇到火灾要镇定，学会正确报警

“报警早，损失少。”这是人们在同火灾做斗争中总结出来的一条宝贵的经验。我国《消防法》中有这样一条规定：“任何人发现火灾都应当立即报警。任何单位、个人都应当无偿为报警提供便利，不得阻拦报警。严禁谎报火警。”通过以往发生的火灾事故，我们得出经验：如果在火灾刚刚发生的几分钟或者十几分钟内，能够将火扑灭，往往就不会导致大的火灾。所以，灭火的时间十分关键，想要把握住这个时间节点要有两个关键性行动，第一个行动是及时利用好现场的灭火器材及时扑救，第二个行动是及时报警，以便于调动足够的力量来扑救火灾。火灾发生之后，火情往往是很难预料的，如果因为现场的灭火器材不足或者是使用不当等造成火势蔓延，这时再想报警，就错过了最佳的灭火时间。因此，我们要在发现着火的那一刻，一边想办法灭火或逃生，一边尽快报警以寻求更大灭火力量的支持。

某商场发生的一起火灾造成309人死亡，在社会上引起了巨大的轰动。这个商场总共有六层，其中地上有四层，地下有两层，除了经营日用百货之外还有办公区和歌舞厅。火灾发生在晚上，当时有将近四百人在歌舞厅狂欢。

当晚，商场有一名员工在地下1层的楼梯盖板上焊接孔洞，在焊接过程中，电焊火花顺着孔洞掉落到地下2层，当时掉落的位置存有沙发塑料泡沫，随即引发了燃烧。这名员工看到之后，找到消火栓顺着孔洞灭火，但是火势没有得到控制，反而越来越大。于是，这名员工和其他同事一起逃离了现场。

火势很快就蔓延到商场的多个楼层。等消防队到达现场的时候，整个商场已经充满了浓烟。

这场火灾带来的教训极为深刻，之所以造成这么大的伤亡和损失，原因如下：一是违法施工，这是引发火灾的直接原因，二是商场的经营违反了国家消防安全技术规范，存在很严重的火灾隐患；三是商场的安全出口不畅通，也没有消防应急照明和疏散指示标志等；除此之外，报警晚也是导致伤亡惨重的一个很重要的原因。据调查得知，在火灾发生初期，焊接的员工发现火灾后并没有及时报警，而是自己尝试灭火，当灭火失败之后，也没有在第一时间去报警，而是匆忙逃离现场，因此贻误了最佳的灭火时机。

发现火灾，及时报警，在报警过程中还要注意一些细节，以提高报警、出警、灭火的效率，这些细节包括选择火灾报警的对象、方法及报警过程中需要传达的完整信息。

第一，根据火灾现场情况选择报火警的对象。

（1）首要的报火警对象是消防队，他们是灭火最重要的力量。即使失火单位有专职消防队，也应向消防队报警，不要等单位现有力量无法扑灭火灾之后再选择报警，这样很容易贻误最佳的灭火时机。

（2）向本单位以及附近单位专职消防队或志愿消防队报警，最快速度调动可以调动的消防力量参与灭火行动，最大力度将火情控制住。

（3）在向消防队报火警的同时，还要在第一时间向受火灾威胁的其他人员报警，以便他们能够尽快做好疏散准备，安全逃离现场。

（4）向火场周围人群报警，报警的同时要大声疾呼，除了让他们了解火情、尽快撤出现场之外，还要阻止其他无关人员进入火灾现场。

（5）如果火灾现场设有火灾应急广播系统应立即启用，将火灾扑救和人员疏散等有关的行动方案和情况，通知专职或志愿消防队、消

防安全管理负责人以及其他相关人员。并注意，广播系统应反复播报。

（6）如果火灾发生在没有电话或附近没有消防队的区域，可利用敲锣等可产生更大声音的方式向四周群众报警，并动员人民群众共同参与灭火行动。

第二，掌握火灾报警方法，并准确告知相关的火灾信息。

火警电话“119”是我国火灾报警的专用电话号码，它设置在我国每个城市的消防指挥中心火警受理平台，而且具有优先通话的权限。当发现火情后，知情人需要立即拨打“119”电话进行报警。

在拨打“119”电话报警时应准确、完善地告知以下重点信息。

①准确而且详细告知发生火灾的地理位置，包括区（县）、街道、胡同，以及准确的门牌号码；如果是在乡村需要准确告知乡村名称及房屋查找方式；如果在火灾现场不清楚具体的门牌号等信息，可以告知附近有哪些标志性的或相对知名的建筑名称；如果火灾发生在大型工厂里，还要告知清楚具体是哪个分厂、哪个车间、哪个位置，消防车需要从哪个门进入，以及从哪条路可以最快到达等信息。

②简洁描述火灾现场的基本情况，主要内容包括发生火灾的时间、燃烧的物质、目前火势燃烧的具体情况，伤亡、被困人员的具体情况。另外，还要告知消防队火灾现场有无特别贵重的物品，有无化学品、爆炸品、毒害品等危险物品着火或泄漏的情况等。

③要留下报警人的姓名以及联系电话等信息，以便消防队能随时取得联系。

第三，在完成报警之后，需要做好消防车到达之前的准备工作。

①打完报警电话后，如果现场人员足够，应立即安排至少1名人员到重要路口或者交通要道等候消防车的到来，以便人工引导消防车更快速地到达火灾现场。

②在消防车经过的路段，组织人员迅速疏通车道，清除影响消防车

行驶的障碍物，让消防车能够顺利、快速地到达火场，并且，能够停留在现场选择最佳位置开展灭火行动。

③如果火情有了新的情况，随时要通过电话再次告知消防队，以便消防队及时做好准备或改变灭火策略，达到灭火效率最大化。

2. 认识消防标志，逃生不迷路

消防标志是用于表示消防设施特征的图形或符号。通过对以往火灾事故的总结，我们发现在火灾发生的初期，很多人因为看不到消防标志或者不认识消防标志，而不能及时找到消防设施耽误了最佳灭火时机；也有些被困人员因无法找到安全疏散通道而导致伤亡。因此，认识消防标志、在必要位置设置消防标志、日常对消防标志的保护等工作十分必要，这不仅对受火灾威胁的群众起着至关重要的保护作用，而且对在现场灭火的消防队员来说也能提高灭火效率。

关于火灾危险场所、危险部位标识的设置方法如下。

①危险场所以及危险部位的室外、室内墙面、地面及危险设施处等在适当位置应设置消防警示类标识，标明消防安全警示性和相关消防安全禁止性规定。

②危险场所以及危险部位的室外、室内墙面等适当位置应设置消防安全管理规程，标明消防安全管理制度、消防操作规程、消防安全注意事项及危险火灾事故应急处置程序等内容。

③易操作失误引发火灾危险事故的关键设施部位应设置发光性消防安全提示标识，标明安全操作标准、消防安全注意事项、火灾事故的应

急处置程序等内容。

④仓库应当画线标识，标明仓库垛距、墙距、主要消防通道、货物固定位置等内容。另外，储存易燃易爆等危险物品的仓库应当另外设置标明储存物品的品名类别、存储量以及相关使用注意事项和灭火方法的标识。

关于消防安全疏散标识的设置方法如下。

①消防疏散指示标识应根据国家有关消防技术标准和规范进行设置，并需要采用符合规范要求的灯光全天 24 小时照亮疏散指示、安全出口、疏散方向等标志。

②各个单位的安全出口、疏散走道、消防车道、疏散楼梯等处应设置“禁止堵塞”“禁止锁闭”等相关消防警示类标识。

③消防电梯的外墙面要显著设置消防电梯的用途及使用注意事项等识别类标识。

④商场、市场、公共娱乐场所应在疏散走道和主要疏散路线的地面上增设能保持视觉连续性的自发光或蓄光疏散指示标志。

⑤公众聚集场所，尤其是宾馆、饭店等住宿场所应当设置安全疏散标识图，标明楼层消防疏散路线、消防设施位置、安全出口等信息内容。

关于消防安全设施标识的设置方法如下。

①厂区的重要位置，例如发电机房、消防水箱间、配电室、消防控制室、水泵房等场所的入口处应设置与其他房间明显区分的识别类标识或者“非工勿入”等警示类标识。

②消防设施配电柜、配电箱应设置区别于其他设施配电柜、配电箱的标识；备用消防电源的配电柜、配电箱应设置区别于主消防电源配电柜、配电箱的标识；不同消防设施的配电柜、配电箱应有明显区分的标识。

③供消防车取水用的消防水池、取水口、阀门水泵接合器及室外消

火栓、取水井等场所应永久性设置固定的消防识别标识，同时要设置“严禁埋压、圈占消防设施”等类似的警示类标识。

④消防水箱、增压泵、稳压泵、气压水罐、消防水泵、水泵接合器的管道、控制柜控制阀，应设置提示类消防标识以及能够相互区分的识别类标识。

⑤室内消火栓给水管道应设置与其他系统区分的识别类标识，并标明流向。

⑥手动报警按钮设置点、灭火器的存放点等应设置相关的提示类标识。

⑦消防排烟系统的风机、送风口、风机控制柜及排烟窗应设置可以注明系统名称和编号的识别类标识，同时要设置“消防设施严禁遮挡”等的警示类标识。

⑧消防专用常闭式防火门应当设置“常闭式防火门，请保持关闭”等警示类标识；防火卷帘底部地面应当设置“防火卷帘下禁放物品”等警示类标识。

设置消防安全标志除选择正确的位置外，还需注意以下四点。

①除特殊情况外，标志一般不应设置在门窗等可移动的物体上面，也不应设置在经常会被其他物品遮挡的地方。设置的消防安全标志如果受环境条件限制，可适当加大标志的尺寸以满足醒目度的要求。

②疏散标志牌应该选择使用不燃材料制作，如果不是不燃材料，应在标志外面另外加设玻璃或其他不燃透明材料制成的保护罩；对室内所用的非疏散标志牌，其制作材料的氧指数不得低于32；其他用途的消防标志制作材料的燃烧性应符合使用场所的相关防火要求。

③设置消防安全标志时，还要注意尽量用最少的标志把必需的信息表达清楚，同时避免出现标志内容相互矛盾或者信息重复的现象。

④在所有相关的照明环境下，消防安全标志的颜色应该保持不变。

以下是部分常用消防标志。

消防标志：火灾报警装置标志

编号	标志	名称	说明
01		消防按钮	标示火灾报警按钮和消防设备启动按钮的位置。 需指示消防按钮方位时，应与30标志组合使用。
02		发声警报器	标示发声警报器的位置。
03		火警电话	标示火警电话的位置和号码。 需指示火警电话方位时，应与30标志组合使用。
04		消防电话	标示火灾报警系统中消防电话及插孔的位置。 需指示消防电话方位时，应与30标志组合使用。

注：标志底色为红色，图形符号色为白色。

消防标志：紧急疏散逃生标志

编号	标志	名称	说明
05		安全出口	提示通往安全场所的疏散出口。 根据到达出口的方向，可选用向左或向右的标志。需指示安全出口的方位时，应与29标志组合使用。

续表

编号	标志	名称	说明
06		滑动开门	提示滑动门的位置及方向。
07		推开	提示门的推开方向。
08		拉开	提示门的拉开方向。
09		击碎板面	提示需击碎板面才能取到钥匙、工具，操作应急设备或开启紧急逃生出口。
10		逃生梯	提示固定安装的逃生梯的位置。 需指示逃生梯的方位时，应与29标志组合使用。

注：标志底色为绿色，图形符号色为白色。

消防标志：灭火设备标志

编号	标志	名称	说明
11		灭火设备	标示灭火设备集中摆放的位置。 需指示灭火设备的方位时，应与30标志组合使用。

续表

编号	标志	名称	说明
12		手提式灭火器	标示手提式灭火器的位置。 需指示手提式灭火器的方位时，应与 30 标志组合使用。
13		推车式灭火器	标示推车式灭火器的位置。 需指示推车式灭火器的方位时，应与 30 标志组合使用。
14		消防炮	标示消防炮的位置。 需指示消防炮的方位时，应与 30 标志组合使用。
15		消防软管卷盘	标示消防软管卷盘、消火栓箱、消防水带的位置。 需指示消防软管卷盘、消火栓箱、消防水带的方位时，应与 30 标志组合使用。
16		地下消火栓	标示地下消火栓的位置。 需指示地下消火栓的方位时，应与 30 标志组合使用。
17		地上消火栓	标示地上消火栓的位置。 需指示地上消火栓的方位时，应与 30 标志组合使用。
18		消防水泵接合器	标示消防水泵接合器的位置。 需指示消防水泵接合器的方位时，应与 30 标志组合使用。

消防标志：禁止和警告标志

编号	标志	名称	说明
19		禁止吸烟	表示禁止吸烟。
20		禁止烟火	表示禁止明火。
21		禁止放易燃物	表示禁止存放易燃物。
22		禁止燃放鞭炮	表示禁止燃放鞭炮或焰火。
23		禁止用水灭火	表示禁止用水作灭火剂或用水灭火。
24		禁止阻塞	表示禁止阻塞的指定区域（如疏散通道）。
25		禁止锁闭	表示禁止锁闭的指定部位（如疏散通道和安全出口的门）。
26		当心易燃物	警示来自易燃物质的危险。

续表

编号	标志	名称	说明
27		当心氧化物	警示来自氧化物的危险。
28		当心爆炸物	警示来自爆炸物的危险，在爆炸物附近或处置爆炸物时应当心。

注：编号 11-18 标志底色为红色，图形符号为白色；编号 19-25 标志底色为白色，图形符号为黑色，其余部分为红色；编号 26-28 标志底色为黄色，其余部分为黑色。

消防标志：方向辅助标志

编号	标志	名称	说明
29		疏散方向	指示安全出口的方向。 箭头的方向还可为上、下、左上、右上、右、右下等。
30		火灾报警装置或灭火设备的方位	指示火灾报警装置或灭火设备的方位。 箭头的方向还可为上、下、左上、右上、右、右下等。

注：编号 29 标志底色为绿色，图形符号为白色；编号 30 标志底色为红色，图形符号为白色。

3. 学会利用安全疏散设施

有统计资料显示，消防疏散通道的堵塞以及其他安全出口拥堵及封闭问题是导致严重伤亡的主要原因。消防安全疏散设施就是在火灾突发的时候，能够迅速发出火险警报，告知人们撤离危险区以及帮助人们撤离危险区的消防疏散硬件设施和疏散途径，其中包括楼梯、走廊、消防电梯、安全出口等途径，以及消防应急照明和消防指示标志等设施。

广东某制衣厂，某天凌晨，工人们都在忙着加班生产。孙某下夜班时，在生产厂房门口习惯性地点燃一根烟。由于着急回家休息，孙某抽到一半就随意丢在了一旁的垃圾堆里。恰巧这个垃圾堆都是易燃的服装废料。孙某没走多久，垃圾堆就蹿起了火苗。

工厂值班室的钱某正在熟睡，突然被废料燃烧的浓烟呛醒，他急忙冲下楼去查看情况。当时垃圾堆的火苗已经燃烧到了厂房仓库，一楼的仓库里存放着大量生产原料和成品雨衣，这些物品不仅易燃性高而且燃烧后会产生毒烟。火焰蔓延的速度极快，很快一、二楼的生产车间以及三、四楼的宿舍就跟着燃烧起来。但是钱某一时慌忙只顾着去找水源，忘记去叫醒还在宿舍熟睡中的其他员工，也忘记打开通往天台的铁门。由于

平时工厂里没有按照要求购置消防设施，钱某一时没有找到灭火器具，只是从远处找到一个水桶去接水。

员工们被浓烟呛醒，四处逃生。事后有幸存者回忆，当时的场面非常惊险，有的人被浓烟呛醒后，刚想站起来就晕倒在地，嗓子已经被呛坏，想呼救都发不出声音。

楼道本来有一条通往天台的大门，但是大门平时就被老板用铁索锁住，怎么也打不开；有的员工体力较好试图往楼下冲，但没走几步就被烈火包裹；有的员工砸碎了窗户玻璃，但是窗户外面还焊着保护网，他们拼命去拽也无济于事；有的员工躲在柜子里、床底下，但这些设施也抵挡不了烈火的侵袭。

慌忙中，有的员工在四楼找到了一个没有保护网的窗户，全然不顾安全，就直接跳了下去。其中有两个人当场摔死，现场一片哭声和惊叫声。

为了减少火灾损失，提升人员和物资的疏散效率，现代的建筑大多会按照标准来设置必要的消防安全设施，了解这些消防安全设施的设置位置，在火灾突发时有效利用这些设施对于成功避难和逃生具有至关重要的作用。

下面简单介绍建筑常见的安全疏散设施以及设置标准。

（1）避难层

避难层是建筑中在火灾突发的情况下供被困人员可以临时性避难的楼层，避难层对于高层或者超高层建筑更为必要，高度超过 100 米的建筑，都应该设置避难层，而且根据相关规定，从建筑的救援登高操作场地到第一个避难层之间的高度不应大于 50 米，这是考虑目前我国消防机构配备的高云梯车的高度在 50 米，所以，第一个避难层在 50 米之内可便于被困人员通过高云梯车被解救下来。如果建筑的总体建筑较高，应在第一个避难层之上设置多个避难层，每个避难层之间的高度不宜大于 50 米，这个高度是结合了各种消防设施、设备、管道以及管理和使用人员攀爬楼梯的体力情况而制定的高度范围。

有的建筑为火灾避难人员单独设置了几个房间，这几个房间称为避难间。

（2）应急照明与疏散指示标志

当火灾发生时建筑往往会停电，届时，建筑正常的照明系统无法使用。为了保证火灾被困人员的安全疏散以及便于消防队员实施火灾扑救，建筑内必须保持有一定的电光源来照明，这些设置的照明总称为火灾应急照明。为了确保疏散安全，同时，抑制人们的惊慌心理，便于被困人员快速找到安全疏散通道，在建筑的相应位置应以明显的文字、鲜明的箭头标记指明安全疏散方向。

（3）消防电梯

消防电梯是指具有专用电源、耐火封闭结构以及防烟前室，在火灾突发时专供消防灭火人员使用的电梯。当发生火灾时，建筑内的普通电梯会因为断电而无法使用，而且普通电梯也不具备防烟条件，人员在火灾情况下的乘坐易发生烟雾中毒。建筑内设置消防电梯非常有必要，尤其是高层建筑，应根据建筑物的建筑高度、面积、性质等多种因素相结合设置适合的消防电梯的数量。如果没有消防电梯，消防员将不得不攀爬楼梯，这样不仅会消耗消防员的体力，而且如果消防人员攀爬楼梯，难免会与疏散人群造成拥挤，贻误人员疏散时间以及最佳灭火时机。

（4）安全出口

安全出口是指建筑内直接通向建筑外的疏散门以及建筑各楼层通向楼梯的疏散门。根据《建筑设计防火规范》的规定，建筑的安全出口和疏散门的净宽度不应小于0.8米，疏散楼梯和疏散走道的净宽度不应小于1.1米，日常人流量较大的公共场所的疏散门净宽度不应小于1.4米。

建筑的安全出口应时刻保持畅通无阻，为了快速疏散人流，不得设置台阶和门槛。疏散门的开启方式应为平开门，不得采用类似侧拉门、卷帘门、转门、吊门等门体结构，门口不得另外设置屏门、门帘等物品。

（5）疏散走道与避难走道

疏散走道是指突发火灾时，建筑内的被困人员从火灾现场逃往安全位置的通道。疏散走道的设置应最大限度保证逃离火场的人员在进入走道后，能够顺利地通行到楼梯间，最后抵达安全区域。避难走道需要另外设置防烟雾设施，两侧采用防火墙作为分隔，用于被困人员安全通行到室外的走道。

疏散走道是为疏散人员提供便捷的，在设计上应避免袋形，另外，需按规定设置疏散指示标志和疏散照明装置，在1.8米高度内的疏散走道不应设置其他门垛、管道等突出物；疏散走道通过的门应为甲级防火门，并且向疏散方向开启。

（6）疏散楼梯与楼梯间

当发生火灾时，普通电梯往往无法正常使用，建筑内的被困人员只有通过楼梯才能逃离到外边，因此，楼梯是最重要的火灾疏散设施之一。楼梯根据防火要求可分为室外疏散楼梯、敞开楼梯间、封闭楼梯间、防烟楼梯间，以及剪刀楼梯间。

室外疏散楼梯是在建筑室外设置的、敞开的楼梯，这种楼梯不易受火灾烟火的威胁。敞开楼梯间也称普通楼梯间，这是低层建筑和多层建筑常用的形式。这种楼梯的特征是楼梯与走廊、大厅都是敞开在建筑物的内部，在突发火灾时，楼梯不能阻挡烟气进入，而且还可能成为火势向其他楼层蔓延的主要通道，敞开楼梯间在消防安全方面的可靠性相对较差。封闭楼梯间指设有乙级防火门的楼梯间，这种楼梯间通过墙和门与走道相分隔，能阻挡火灾烟气的进入，相对来说要比敞开楼梯间更为安全。防烟楼梯间是指在楼梯间的入口处设独立前室、阳台或凹廊的楼梯间。防烟楼梯间设有两道防火门和防烟设施，并且使用乙级防火门，发生火灾时能作为安全疏散通道，这是高层建筑中比较常用的楼梯间形式。剪刀楼梯，是指在同一个楼梯间内，设置了两个疏散楼梯，这两个楼梯既相互交叉又相互隔绝。同一个楼梯间内，设有两个疏散楼梯以及两个出口，这样更有利于在较为狭窄的空间内提升疏散效率。

设置消防安全疏散设施的目的是要保证在突发火灾时，人员能够快速转移到安全位置，而且疏散、转移的时间必须小于火情发展到危险状态的时间。消防安全疏散设施对于每一栋建筑都非常重要，设置科学、合理的安全疏散设施也是衡量建筑消防安全性的关键因素。

4. 掌握六个常见火灾逃生工具的使用方法

火灾逃生工具指在火灾突发时，便于被困人员自救逃生或者消防员营救使用的工具。逃生工具的种类较多，主要的工具有逃生绳、逃生软梯等，不同的逃生工具有不同的功能和使用方法。日常生活中，不管是家庭还是公共场所，都应该配备相应的逃生工具。并且多学习常见逃生工具的使用方法，有助于在突遇火灾时能快速、正确、有效地利用，实现成功逃生。

某商场大楼一共有9层，这栋大楼没有经过消防部门的验收就投入使用，并且一直没有安装任何消防设施，还大量采用木夹板等可燃材料进行装修。某天，在大楼3层靠近手扶电梯的位置，由于电源线接头氧化，接触不良产生电弧引燃可燃物，导致起火。由于风力较大，火势迅速蔓延到整幢大楼。三楼以上的人在逃生的时候发现，该楼的疏散楼梯用钢筋封死，仅留一个楼梯供出入，但是这个楼梯已经被大火吞没，导致人们不能逃生。随着火势增大，被困人员惊慌失措，一时间也找不到火灾逃生工具，有几个大人用很薄的被子将小孩裹住后抛

下楼，之后也跟着跳楼，结果大人和小孩当场殒命。消防队赶到这后，用拉梯或拉梯与挂钩梯联挂方法，从外部救出十多个人，又在水枪的掩护下进楼救出了十多个人，这些人中有的没有采取防烟措施，被烟雾呛到昏迷。

通过上面的案例，我们可以深刻体会到火灾逃生避难工具的重要性，如果这栋商场按要求安装消防设施，准备好必需的逃生工具，在发生火灾时，就不会造成如此大的伤亡。下面简单介绍几种比较常用的救生工具。

（1）灭火毯

灭火毯是纤维织物，这种材料是经特殊工艺处理加工制成的，具有紧密的组织结构，耐高温而且不燃烧，可以很好地阻止燃烧或隔离燃烧。它的原理是利用覆盖火源、阻隔空气灭火。灭火毯也被称为消防被或者逃生毯，在逃生时，也可以护脸或披在身上，作自我防护。

灭火毯具有耐腐蚀、抗虫蛀的特性，特别适用于家庭、娱乐场所、餐饮、宾馆以及加油站等场所的日常备用。平时可将灭火毯放在比较显眼而且方便拿取的地方，每年至少要检查一次，如果发现损坏或污染应尽快更换。当需要使用时，快速拆开包装，取出灭火毯，双手拉住灭火毯两根黑色的拉带，将灭火毯抖开，待灭火结束后，将灭火毯收起叠好，作为不可回收垃圾处理。

（2）逃生绳

逃生绳主要采用麻类纤维或聚丙烯、聚乙烯、聚氯乙烯等化学合成纤维材料制作而成，具有一定的强度，而且耐火、耐水，当建筑物内着火而疏散通道又被火封锁时，在高层的被困人员就可以使用逃生绳自救。使用逃生绳时需要注意操作方法：首先要将逃生绳的一端固定在室内的物体上，该物体一定要牢固，可以经受一定的抻拉力；然后将逃生绳在物体上打成结，避免脱落；将安全逃生绳放置于身体腋窝下，让身体保持平衡，双腿弯曲蹬踏墙面；通过双手改变方向和握力来控制身体的下滑速度；从高层下滑需数次重复此动作，不可一滑到底，避免在下落到地面时受伤；在接近地面时，双腿保持微弯，用脚尖着地，安全落地后迅速解开逃生绳逃离。

日常保管逃生绳时需注意，将逃生绳放在干燥且通风的地方，避免发霉；不要将其在日光下长时间暴晒，避免绳体老化变脆；如果发现绳索有两股以上开裂时，应及时更换；还要注意的是，逃生绳不能接触酸碱性物质，以防止被腐蚀，也不要放置于尖锐物体上，防止被磨损。

(3) 逃生缓降器

逃生缓降器配合绳索使用，它凭借人体下降的重力启动、依靠下滑时产生的摩擦阻力调整降落速度，使人员可以从高处缓速降落逃生。逃生缓降器由调速器、金属连接件、安全带、安全钩、绳索卷盘以及缓降绳索等器件组成。逃生缓降器具有结构简单、容易操作、安全系数大、承重能力强等特点，而且体积小、重量轻、便于携带。

逃生缓降器可安装在建筑物的顶层、阳台、窗口等部位，也可安装在消防车上，以营救高层的受困人员。逃生缓降器有两种类型：一是往复式缓降器，它的速度控制器是固定的，绳索可以上下往复多次使用；二是自救式缓降器，它的安全吊绳是固定的，不能往复使用，速度控制器随着逃生人员从上而下滑移，下滑速度是由下滑者本人或协助人员进行操控。

在使用逃生缓降器时，先要将安全钩安装在固定架上或任何稳固的支撑物上，然后将绳索卷盘投向地面；使用人员将安全带套于腋下，拉紧滑动到合适位置，然后从高处面向墙壁跳落。

(4) 消防过滤式自救呼吸器

消防过滤式自救呼吸器是防止火灾浓雾或化学品燃烧产生的有毒气体侵入人体呼吸道的防护用品，它是由半面罩、防护头罩、过滤装置组成的。头罩采用的是阻燃棉布制造，表面涂覆铝箔膜，以抵御热辐射，防止烈火高温辐射的伤害；半面罩采用的是柔软橡胶或塑料制造，气密性好，可防止有毒烟气进入呼吸器官。

在使用消防过滤式自救呼吸器时，应沿其包装盒标明的开启标志按方向打开盒盖，取出呼吸装置后，拔掉前后密封塞，将呼吸器套在头部，然后拉紧头带，即可使用。

（5）逃生软梯

逃生软梯由安全绳、钩体和梯体三大部分组成，是用于营救被困人员的移动式逃生设备。

在使用逃生软梯时，首先要将软梯前端的安全钩挂在固定的物体上，然后将梯体向建筑物墙外抛出垂放，形成一条垂直的逃生路径；人员在使用逃生软梯时，需抓紧梯身及横杠，同时尽量保持梯身垂直平稳，避免脚下踏空。

（6）具有声光报警功能的强光手电

强光手电兼具照明和报警功能，可用于被困人员在浓烟环境下向救生人员发出声光呼救信号。有的强光手电还具有多种功能：可打破玻璃；可在遇到事故时割断安全带；可在需要时吸附铁件；可发出强光及高分贝声音求助报警。

随着科学技术的进步以及各种新材料、新工艺的大量涌现，人们将不断研发出更为科学、实用、高效的逃生避难器材，在火灾事故突发时，最大限度地保障生命和财产安全。

5. 火场逃生，千万不要陷误区

火灾发生时，被困人员其实是有机会实现逃生自救的，可是往往因为受到惊吓或者缺乏正确的逃生自救技能和方法，让自己或他人陷入困境或绝境。因此，在遇到火灾时，要在保持积极心态的同时使用正确的逃生方法，避免陷入误区才能保障生命安全。

当发现火灾或者听到火灾报警时，我们首先应该保持冷静，不要慌张，如果火势在可以控制的范围内，应尽快采取灭火措施扑救。如果火势发展迅猛，应在第一时间报警并迅速撤离。在撤离时，应掌握以下几点。

（1）不管身在何处，遇到火灾时，第一时间要弄清消防设施的位置以及安全出口的方向。

（2）在打开门窗之前，要先用手背触碰一下门窗把手，如果温度不高，再打开门窗；如果门窗把手很热，千万不要打开。

（3）在建筑里不要乘坐电梯。因为电梯往往是浓烟的通道，运行中的电梯也有因为停电而无法开启的可能。

（4）撤离时，身体应保持弯腰姿态前行，近地面位置的浓烟相对稀薄，呼吸比较容易，视野也会相对比较清晰。

（5）如果有墙体应沿墙体疏散，并且用水浸湿毛巾或衣物掩捂口鼻。

（6）在众多被困人员同时逃生时，如果前面的人倒下应立刻将其扶起，避免发生踩踏造成通道堵塞和不必要的人员伤亡。

（7）如果火势已经堵住大门，应迅速回到房间，紧闭房门，同时用身边的毛巾、衣物、床单等物品塞住门窗缝隙，避免烟雾进入，如果有水，可对门窗进行泼水降温。

（8）如果居住位置离地面不高，且无其他途径逃生时，应先将棉被、沙发垫等软性物品扔下作为缓冲垫，在跳下之前，手抓住窗沿，伸直双臂以缩短与地面之间的距离。

（9）身上着火时，要立即就地翻滚或者使用厚被捂盖，不可以用手拍打火苗。

某市一栋居民楼的1层过道发生火灾，过火面积有30多平方米。火势没有太大的发展，消防队用了20多分钟就将火扑灭了，然而在这场火灾中却有18人受伤，其中有5人是当时跳楼摔伤的，其他13人是贸然穿越着火的楼梯过道时被火烧伤的。

事后，有人回忆说，她住在5楼，刚要睡觉，就听见有人喊着火了，她打开门一看，过道里全是浓烟。她和几个同住人一起赶紧向楼下跑。跑到3楼的时候，感觉特别热，而且浓烟很呛，有快要窒息的感觉。这个单元高层的居民大多都困在了3楼的位置。这个时候，有的人爬上窗户往下跳，她也跟着跳了下去，所幸只是有一点摔伤，而跳下来的其他人则有的摔断了脊柱。

有一位女孩在现场没有惊慌，当她跑到3楼被火势拦截时，迅速返回楼上，回到房间，用水将床单淋湿，堵住了房门，不让烟雾进来，然后跑到窗户处大声呼救，等待消防队的救援，消防队最后将她安全救出。

在突如其来的火灾面前，有的人往往来不及思考就采取行动，但是，有些行动是错误的，不仅无法逃生，还可能陷入更危险的境地。下面介绍一些在火灾逃生过程中经常出现的错误行为，以作警示。

（1）向光明的地方逃离是被困人员向光心理的反映，人们认为光明意味着生存的希望，但在火场中，照明设施往往会因为断电或跳闸而失去作用，因此，有光亮的地方可能恰恰是火势较大的地方。黑暗之中，通过疏散标志的指引寻找安全门、楼梯间、疏散通道等才是正确的行为。

（2）在发现逃生通道被火堵住，无法通过的情况下，人们往往很容易失去理智而选择跳楼。事实证明，如果在三层以上的楼层，跳楼的生存概率很低。与其采取冒险行为，不如冷静下来，采取其他防护措施，或者等待救援，或许还有一线生机。

（3）火场逃生时，很多人会用双手捂住口鼻，这其实是错误行为。因为手不能有效地过滤掉有毒、有害的烟气，应用湿毛巾或衣服等捂住口鼻。

（4）盲目跟随是火场被困人员的从众心理的反应。处于火险中的人们往往会因惊慌而失去正常的判断能力，或者认为他人作出的判断是正确的，因而会盲目跟从他人逃跑。这种盲目跟随行为还表现为跳楼或躲藏于卫生间等角落，而不是积极、主动地寻找出路。

（5）有些人认为自己身强力壮，动作敏捷，便不采取任何防护措施就冲出着火区域，这样也有很大危险。很多火灾案例表明，人如果在烟火中奔跑，很快就会被烟雾熏呛而晕倒，因此，千万不要高估自己的能力，低估烟熏的危害。

火灾无情，而且难以预料。在日常生活中，我们应多掌握一些科学的火灾逃生技能和方法，避免错误的逃生行为。这样可以在自己或他人被困在火场内生命受到威胁时，积极地利用知识和技能采取有效的自救措施，逃离险境。

6. 火灾受伤，科学处理

火灾往往会造成人员受伤，救护人员到达现场需要一定的时间。对于受伤的人员来说，这段时间往往是急救的黄金时间，如果在这段时间里正确、积极地实施救治，不仅可以有效地减轻损伤程度，还可能挽救人们的生命。

因火灾受伤的情况有很多，也有不同的急救方法，以下是常见的几种。

（1）火焰烧伤的急救方法

身上着火时，伤者切勿奔跑或者以手扑火，避免因风助燃以及手部烧伤。应在安全处躺下，就地滚动，或用棉被、毯子等物品覆盖着火部位。如果现场有水源或者灭火器，可以用水冲洗或用灭火器扑灭身上的火苗。

把火扑灭后，伤者的烧伤创面应用冷水冲洗，防止热力的继续损伤，减轻伤者疼痛，并减少渗出和水肿。冷疗需在伤后半小时内进行，具体方法是，烧伤创面立即浸入自来水或冷水中，也可用毛巾等物品浸冷水后敷在创面上至少半个小时，直到创面不再感觉到严重的疼痛。冷敷后，创面使用无菌的清洁布单或被服覆盖，防止创面与外界细菌直接接触。

（2）热力烧伤的急救方法

热液造成的烧烫伤，应立即脱去受伤人员身上被浸渍的衣物，让热力不再发生作用，然后用凉水冲洗或浸泡受伤部位，使其冷却，从而减轻受伤程度和疼痛感。

（3）吸入性损伤的急救方法

吸入性损伤指的是人体吸入了热空气、热蒸汽、烟雾、有害气体、挥发性化学物质等，这些物质中含有某些化学成分，当人体吸入后会造成呼吸道和肺实质的损伤或者引起的全身性化学中毒。

吸入性损伤主要有三个方面。第一方面是热损伤，伤者吸入干热或湿热空气直接造成肺实质或呼吸道黏膜的损伤。第二方面是窒息，伤者因缺氧或吸入窒息剂引起窒息，这种情况是火灾中常见的死亡原因。在燃烧过程中，尤其是在密闭环境中，大量的氧气被急剧消耗产生高浓度的二氧化碳，可使伤者产生窒息。另外，含氮物质不完全燃烧可产生氰化氢，含碳物质不完全燃烧可产生一氧化碳，氰化氢和一氧化碳均为强力窒息剂，被吸入人体后可引起氧代谢障碍，导致窒息。第三方面是化学性损伤，火灾烟雾中含有多种化学性物质或大量的粉尘颗粒，这些有害物质会通过局部刺激或吸收引起呼吸道黏膜的损伤和中毒反应。

如果伤者有吸入性损伤的情况，应迅速使伤者脱离火灾现场，安置在通风良好的地方，然后，去除伤者口鼻中的分泌物和碳粒，保持伤者呼吸通畅。如果现场有吸氧设备，应给伤者导管吸氧，并尽快送到医院诊治，途中要密切观察伤者状况，防止因窒息而死亡。

（4）烧伤伴合并伤的急救方法

火灾造成的损伤通常还会伴有其他损伤，如爆震伤、挤压伤等，这种情况下容易造成伤者骨折、内脏损伤、颅脑损伤或大出血等情况。在急救过程中，对此类合并伤，也应迅速加以处理，例如伤者活动性出血时应给予压迫或包扎止血；开放性损伤应采用灭菌包扎或保护；合并颅脑、脊柱损伤者，应注意小心挪动；合并骨折者应加以简单固定等。

参考资料及说明

1. 《中华人民共和国消防法》，根据 2021 年 4 月 29 日第十三届全国人民代表大会常务委员会第二十八次会议《关于修改〈中华人民共和国道路交通安全法〉等八部法律的决定》第二次修正，本书中简称《消防法》。
2. 《机关、团体、企业、事业单位消防安全管理规定》，中华人民共和国公安部第 61 号令 2001 年 10 月 19 日公安部部长办公会议通过，自 2002 年 5 月 1 日起施行。